高等学校专业教材

食品分析实验指导

李　敏　郑俏然　主编

中国轻工业出版社

图书在版编目（CIP）数据

食品分析实验指导/李敏，郑俏然主编．—北京：中国轻工业出版社，2021.7
普通高等教育“十三五”规划教材
ISBN 978－7－5184－2146－6

Ⅰ.①食…　Ⅱ.①李…　②郑…　Ⅲ.①食品分析—实验—高等学校—教材　Ⅳ.①TS207.3－33

中国版本图书馆CIP数据核字（2018）第238520号

责任编辑：马　妍　秦　功　　责任终审：张乃柬　　整体设计：锋尚设计
策划编辑：马　妍　　　　　　责任校对：吴大鹏　　责任监印：张　可

出版发行：中国轻工业出版社（北京东长安街6号，邮编：100740）
印　　刷：三河市国英印务有限公司
经　　销：各地新华书店
版　　次：2021年7月第1版第2次印刷
开　　本：787×1092　1/16　印张：10.5
字　　数：230千字
书　　号：ISBN 978－7－5184－2146－6　　定价：32.00元
邮购电话：010－65241695
发行电话：010－85119835　传真：85113293
网　　址：http://www.chlip.com.cn
Email：club@chlip.com.cn
如发现图书残缺请与我社邮购联系调换
210828J1C102ZBW

本书编写人员

主　　编　李　敏（长江师范学院）

　　　　　郑俏然（长江师范学院）

参编人员　（按姓氏笔画排名）

　　　　　王双慧（长江师范学院）

　　　　　乐　涛（重庆师范大学）

　　　　　冯晓汀（长江师范学院）

　　　　　刘　磊（重庆海关技术中心）

　　　　　许青莲（西华大学）

　　　　　李吉达（遵义医科大学）

　　　　　何秀利（长江师范学院）

　　　　　谭　飏（长江师范学院）

　　　　　熊建文（广西科技大学鹿山学院）

前言 | Preface

本世纪初，我国食品安全事件频繁发生，食品质量堪忧。为了保障食品安全，保证食品质量，提高国民健康水平，我国于2015年颁布实施《中华人民共和国食品安全法》。新版《食品安全法》的实施，加强了对食品质量的监管，使我国食品质量状况持续好转。

食品分析为食品质量管理提供了技术支持，是食品质量管理的重要组成部分。为了保障食品质量，习近平总书记提出了“四个最严”，即最严格的监管，最严厉的处罚，最严肃的问责，最严谨的标准，以加强食品质量监管。世界食品分析技术突飞猛进，我国的现有食品分析方法标准远远落后于时代的要求，为此，我国近年来大幅修订标准，特别是对食品分析方法标准进行了大量的修订。在这样的背景下，原有的食品分析实验指导书已经无法满足教学和社会的需求。我们编写了这本教材，以满足教学和社会的需求。

本书分为4章，第1章食品分析实验室基本知识主要包括实验室安全与防护知识、常用试剂的配制与标定、分析检测结果与数据处理等内容；第2章基础实验主要包括营养成分、食品污染物、农药残留、兽药残留等的检测及食品质量相关检测；第3章综合实验主要包括食品的品质分析和评价；第4章设计性实验主要包括设计性实验的开设指导。

本书突出了权威性和标准性，以国家标准为准绳。近年来，大量食品分析国家标准重新修订，以往出版的类似教材中的检测方法没有与最新发布的国家标准同步更新，无法满足当前食品分析的技术需求。其次，本书突出对学生基本技能、应用性和创新性的培养。基础实验部分涵盖了食品常规质量分析、食品营养品质、食品安全品质分析的几乎所有实验项目，突出对学生基本技能的训练。综合实验主要针对食品品质进行分析和评价，培养学生的食品质量意识和综合应用能力。设计性实验培养学生的创新能力，建立科学研究的基本方法。再次，我们充分考虑了教材的通用性。

本书编写分工如下：第一章由许青莲编写；第二章由李敏、郑俏然、王双慧、乐涛、冯晓汀、李吉达、刘磊、何秀利、熊建文和谭飏编写；第三章由郑俏然、李吉达和熊建文编写；第四章由李敏、冯晓汀和许青莲编写。全书由李敏和郑俏然统稿。在编写的过程中，各位编写人员密切配合，积极支持编写工作，在此表示感谢。

本书由长江师范学院的高晓旭教授和卢春霞副研究员审稿，谨此致谢。

本书可作为高等院校食品科学与工程相关专业的本科教材，也可供食品分析工作者参考。

由于编者水平和时间有限，缺点和错误在所难免，恳请广大读者和专家提出宝贵意见。

编者

2018年10月

目录 Contents

第一章

食品分析实验室基本知识

CHAPTER 1

第一节　实验室安全及防护知识

安全问题是实验室的头等大事，凡是进入实验室工作的人员都必须具有高度的安全意识，严格遵守各仪器设备的操作规程和实验室管理制度，时刻保持警惕，避免发生安全事故。

一、 实验室通用安全守则

1. 实验室应有专人管理，并张贴相关实验室规章制度、安全守则、安全应急预案等。文本材料包括实验室使用记录本、仪器设备使用记录本、废液回收记录卡等。

2. 实验室应做好防盗、防火措施。配备消防器材，如常用的灭火器，并根据需要安装灭火用的喷洒装置。

3. 实验室应配备医药急救箱，并备有常规的药品。

4. 实验室内禁止存放食物、食具（食品感官鉴评实验室除外），严禁吸烟及饮食。

5. 实验人员必须熟悉所用仪器、设备的性能和使用方法，尤其是使用高温、高压、真空设备时，须严格按照设备操作规程进行操作。

6. 进行危险性的实验时，实验人员应先检查防护措施是否妥当后，才可进行操作。实验中操作人员需做好监护，不得擅自离开，实验完成后立即做好清理工作并记录。

7. 涉及有毒或有刺激性气体产生的实验，应在通风柜内进行。

8. 凡接触或使用腐蚀和刺激性药品（如强酸、强碱、氨水、过氧化氢、无水乙酸等），取用时尽可能佩戴防护眼镜和橡皮手套，瓶口不要直接对着人。

9. 实验中产生的有毒有害废物或废液应按照规定回收处理，不得任意排入下水道。

10. 实验完毕，实验人员应认真洗手，并做好实验室的清洁。离开实验室前，要检查水、电、门窗是否关好，确保安全，并做好登记。

二、 食品分析实验守则

（一） 实验前的准备

1. 教师应提前向学生发放实验教材或讲义，进行预实验，按分组准备好实验试剂、药品及仪器，写好板书。

2. 学生实验前应认真预习，熟悉实验原理、实验内容、操作步骤及注意事项。

（二） 实验过程须知

1. 实验开始时，实验人员应严格遵守《实验室安全规则》。

2. 进行实验前，先由教师讲解实验流程及注意事项，并解答学生的疑问。

3. 实验过程中应保持实验室的整洁有序，天平、烘箱、水浴锅等公用仪器设备用后及时清理，公用试剂、药品务必用干净的刻度吸管或药匙取用，取用后应及时放回原处。

4. 严格遵守实验操作规范，避免失误、减少误差，保证数据的可靠性。

5. 实验过程应仔细观察、勤于思考，及时记录实验数据及实验现象，灵活运用理论知识解释实验现象和问题。

6. 仪器设备出现损坏的应进行登记，实验过程中出现异常现象或遇到危险，应立即报告老师。

7. 实验完成后，应清洁实验台面，清洗并清点实验用品，摆放整齐。待指导老师检查完实验原始记录后，签退离开实验室。

8. 值日同学打扫完公共卫生，协助老师再次检查所有设备电源是否断电，水阀是否关紧，关闭门窗，签退离开实验室。

（三） 实验报告撰写

1. 实验报告应使用统一格式的实验报告纸手写，顶部写上实验项目名称、实验日期、实验室名称、姓名、班级、学号等，正文部分包括实验原理、试剂与仪器、操作步骤、实验原始记录、数据处理、结果与讨论等几个部分。

2. 实验报告应独立完成，严禁抄袭，数据处理须科学，分析与讨论须科学合理。试剂与仪器只需列出实际使用的即可；操作步骤应简明扼要，可以列出流程图；原始记录包括现象和数据的记录；数据处理与结果计算中，应当完整列出原始数据和计算公式，实验数据或结果可以适当采用图表进行说明，结果的量和单位应采用我国的法定计量单位；分析与讨论可以包括对实验结果的评价、出现异常结果的原因分析、实验成功的经验、操作的失误与不足、对实验现象的解释、实验后的心得体会、改进建议等。

三、 常见的实验室事故和应急处理

1. 实验室灭火

实验室灭火的原则：移去或隔绝燃料的来源，隔绝空气（氧气），降低温度。对不同物质引起的火灾，应采取不同的补救方法。

（1）关闭所有加热设备的电源，快速移去附近的可燃物质，关闭通风装置，减少空气流通。

（2）水是最常用的灭火物质，火势较小时，快速用喷洒装置进行灭火。但在下列情况下禁用：能与水发生猛烈作用的物质失火时，比水轻、不溶于水的易燃或可燃液体着火时，不能用水或二氧化碳灭火器，可以用干粉灭火器或干燥的黄沙灭火。

（3）火势较大时，可用灭火器扑救。根据燃烧物质的性质选用合适的灭火器：灭 A 类火（固体有机物燃烧的火），可选用干粉灭火器、水基型灭火器、洁净气体灭火器；灭 B 类火（液体或可融化固体燃烧的火），可选用干粉、洁净气体、二氧化碳或水基型灭火器；灭 C 类火（气体燃烧的火）和灭E类火（燃烧时物质带电的火），可选用干粉、洁净气体和二氧化碳灭火器。电气设备及电线着火时，先切断电源，再用相应的灭火器进行灭火。

（4）如果在采取措施后火势仍无法控制，快速拨打119。

2. 化学物质中毒及灼伤的急救

（1）有毒气体的中毒　常见的有毒气体有氯气、硫化氢、氮氧化物、一氧化碳等。一旦发生中毒，立即离开现场，将中毒者抬到空气流通处，并立即拨打120。

（2）受到硫酸、盐酸等强酸灼伤时，立即用大量清水冲洗，然后用质量浓度为20g/L的碳酸氢钠溶液冲洗患处，反复多次；受到氢氧化钠、氢氧化钾等强碱溶液灼伤时，先用大量水冲洗，再用质量分数为2%的醋酸溶液或硼酸溶液充分洗涤伤处。遇有衣服粘连在皮肤上，切忌擅自处理，大量冲水后再去医院由专业医务人员处理。

3. 触电的急救

遇到人身触电事故时，应立即拉下电闸断电，或用木棍使电源远离触电者。千万不要徒手或在脚底无绝缘体的情况下去拉触电者。

第二节　常用试剂的配制与标定

一、常见的酸碱试剂

食品理化检验使用的试剂除特别注明外，一般为分析纯试剂。水除特别注明外均为蒸馏水或去离子水。盐酸、硫酸、硝酸、磷酸及氨水等，如果没有指明浓度，即为市售的浓盐酸、浓硫酸、浓硝酸、浓磷酸及浓氨水等。常用酸碱试剂见表1-1。

表1-1　常用酸碱试剂

试剂名称	分子式	相对分子质量 Mr	密度ρ /（g/mL）	质量分数 ω /%	物质的量浓度 c_B/（mol/L）
硫酸	H_2SO_4	98.1	1.84（约）	96~98	18
盐酸	HCl	36.5	1.18（约）	36~38	12
硝酸	HNO_3	63.02	1.4（约）	65~68	16
磷酸	H_3PO_4	98	1.7	85	15
无水乙酸	CH_3COOH	60.05	1.05（约）	99	17
乙酸	CH_3COOH	60.05	1.04	36	6.3
甲酸	$HCOOH$	46.02	1.2	90	23
高氯酸	$HClO_4$	100.5	1.67	70	12
氨水	$NH_3 \cdot H_2O$	17	0.9（约）	25~28	15

二、 物质浓度的表示方法

混合物（或溶液）中某物质的含量通常有以下几种表示方法。

1. 溶质质量分数

溶质质量分数指溶质的质量与溶液的质量之比，可用符号 ω_B 表示，B 代表溶质。如 ω_{KCl} = 15%，表示 100g 氯化钾溶液中含有 15g 氯化钾。如果溶质和溶液的质量单位不同，则质量分数应加上单位，如 mg/g，μg/g 等。

2. 溶质体积分数

溶质体积分数指在相同的温度和压力下，溶质的体积与溶液的体积之比，可用符号 φ_B 表示，B 代表溶质。如 φ（CH_3CH_2OH）=80%，表示 100mL 乙醇溶液中含有 80mL 无水乙醇。

3. 质量浓度

质量浓度是指溶质的质量与溶液的体积之比，可用符号 ρ_B 表示，B 代表溶质。如 ρ（NaOH）=10g/L，指 1L 氢氧化钠溶液中含有 10g 氢氧化钠。ρ（NaOH）=10g/dL，表示 100mL 溶液中含有 10g 氢氧化钠。当浓度很稀时，可用 mg/mL，μg/L，ng/mL 表示。

4. 物质的量浓度

物质的量浓度是指溶质的物质的量与溶液的体积之比，可用符号 c_B 表示，B 代表溶质。如 c（H_2SO_4）=1mol/L，表示 1L 硫酸溶液中含有 1mol 的 H_2SO_4。

5. 比例

比例是指溶液中各组分的体积比。如：正丁醇∶氨水∶无水乙醇 = 7∶1∶2，是指由 7 倍体积的正丁醇、1 倍体积的氨水和 2 倍体积的无水乙醇混合而成的溶液。

6. 滴定度

滴定度是指 1mL 标准溶液相当于被测物的质量，可用 $T_{S/X}$ 表示，S 表示滴定剂（标准溶液）的分子式，X 代表被测物质的分子式。如 T（HCl/Na_2CO_3）=0.005316g/mL，表示 1mL 盐酸标准溶液相当于 0.005316g 碳酸钠。

《中华人民共和国计量法》规定，量和单位采用国际单位制。原国家计量局于 1984 年 6 月 9 日颁布了《我国法定计量单位的使用方法》。食品分析中所用的计量单位均采用中华人民共和国法定计量单位、法定的量和单位名称及其符号［GB 3100～3102—1993《量和单位》］。分析检测中常用的量及其单位的名称和符号见表 1－2。

表 1－2 分析检测中常用的量及单位的名称和符号

量的名称	量的符号	单位名称	单位符号	倍数与分数单位
物质的量	n_B	摩［尔］	mol	mmol 等
质量	m	千克	kg	g，mg，μg 等
体积	V	立方米	m^3	L（dm^3），mL（cm^3）等
摩尔质量	M_B	千克每摩［尔］	kg/mol	g/mol 等
摩尔体积	V_B	立方米每摩［尔］	m^3/mol	L/mol 等
物质的量浓度	c_B	摩［尔］每立方米	mol/m^3	mol/L 等
质量分数	ω_B	—	1	—

续表

量的名称	量的符号	单位名称	单位符号	倍数与分数单位
质量浓度	ρ_B	千克每立方米	kg/m^3	g/L，g/mL 等
体积分数	φ_B	—	1	—
滴定度	$T_{S/X}$，T_S	克每毫升	g/mL	—
密度	ρ	千克每立方米	kg/m^3	g/mL，g/m^3 等
相对原子质量	A_r	—	1	—
相对分子质量	M_r	—	1	—

三、几种常用试剂的配制与标定

（一）盐酸标准溶液的配制与标定

1. 盐酸标准溶液的配制

（1）盐酸溶液（1mol/L）　量取90mL盐酸，加水稀释至1000mL。

（2）盐酸溶液（0.5mol/L）　量取45mL盐酸，加水稀释至1000mL。

（3）盐酸溶液（0.1mol/L）　量取9mL盐酸，加水稀释至1000mL。

（4）溴甲酚绿-甲基红混合指示液　量取30mL溴甲酚绿的乙醇溶液（2g/L），加入20mL甲基红的乙醇溶液（1g/L），混匀。

2. 盐酸标准溶液的标定

（1）标定步骤　采用减重法准确称取1.5g于270～300℃干燥至恒重的基准无水碳酸钠，加入50mL水使之溶解，再加10滴溴甲酚绿-甲基红混合指示液，用盐酸溶液（1mol/L）滴定至溶液由绿色转变为暗红色，煮沸2min，冷却至室温，继续滴定至溶液再呈暗红色，做3次以上平行试验，同时做试剂空白试验。

（2）标定盐酸溶液0.5mol/L　步骤同（1），但基准物无水碳酸钠的量改为0.75g。

（3）标定盐酸溶液0.1mol/L　步骤同（1），但基准物无水碳酸钠的量改为0.15g。

3. 结果计算

盐酸标准溶液浓度按式（1-1）计算。

$$c = \frac{m}{(V_1 - V_2)(M/2)} \tag{1-1}$$

式中　c——盐酸标准溶液的物质的量浓度，mol/L；

m——基准无水碳酸钠的质量，g；

V_1——样品消耗盐酸标准溶液的体积，mL；

V_2——空白试验消耗盐酸标准溶液的体积，mL；

M——基准无水碳酸钠的摩尔质量，105.98g/mol。

至少取3次平行实验结果的平均值，结果保留小数点后4位，每次实验结果的相对平均偏差不超过0.2%。

（二）硫酸标准溶液的配制与标定

1. 硫酸标准溶液的配制

（1）硫酸溶液［$c(1/2H_2SO_4)=1mol/L$］　量取30mL硫酸，缓缓注入适量水中，冷却至室温后用水稀释至1000mL，混匀。

（2）硫酸溶液［c（1/2H_2SO_4）=0.5mol/L］　量取15mL硫酸，步骤同（1）。

（3）硫酸溶液［c（1/2H_2SO_4）=0.1mol/L］　量取3mL硫酸，步骤同（1）。

2. 硫酸溶液的标定

（1）标定步骤　采用减重法准确称取1.9g于270～300℃干燥至恒重的基准无水碳酸钠，加入50mL水使之溶解，再加入10滴溴甲酚绿－甲基红混合指示液，用硫酸溶液［c（1/2 H_2SO_4）=1mol/L］滴定至溶液由绿色转变为暗红色，煮沸2min，冷却至室温，继续滴定至溶液再呈暗红色，做3次以上平行试验，同时做试剂空白试验。

（2）标定硫酸溶液［c（1/2 H_2SO_4）=0.5mol/L］　步骤同（1），但基准物无水碳酸钠的量改为0.95g。

（3）标定硫酸溶液［c（1/2 H_2SO_4）=0.1mol/L］　步骤同（1），但基准物无水碳酸钠的量改为0.2g。

3. 结果计算

硫酸标准溶液浓度［c（1/2 H_2SO_4）］按式（1－2）计算。

$$c = \frac{m \times 1000}{(V_1 - V_2) \times (M/2)} \tag{1-2}$$

式中　m——基准无水碳酸钠的质量，g；

V_1——硫酸标准溶液的体积，mL；

V_2——空白试验消耗硫酸标准溶液的体积，mL；

M——无水碳酸钠的摩尔质量，105.98g/mol。

至少取3次平行实验结果的平均值，结果保留小数点后4位，每次实验结果的相对平均偏差不超过0.2%。

（三）氢氧化钠标准溶液的配制与标定

1. 氢氧化钠标准溶液的配制

（1）氢氧化钠饱和溶液的配制　称取120g氢氧化钠，加无二氧化碳的蒸馏水100mL，搅拌使之溶解成饱和溶液，冷却后置于聚乙烯塑料瓶中，密闭，放置数日，澄清后备用。

（2）氢氧化钠溶液（1mol/L）　吸取56.0mL澄清的氢氧化钠饱和溶液，加适量新煮沸过的冷却的蒸馏水至1000mL，摇匀。

（3）氢氧化钠溶液（0.5mol/L）　吸取28.0mL澄清的氢氧化钠饱和溶液，加无二氧化碳的蒸馏水至1000mL，摇匀。

（4）氢氧化钠溶液（0.1mol/L）　吸取5.6mL澄清的氢氧化钠饱和溶液，加无二氧化碳的蒸馏水至1000mL，摇匀。

（5）酚酞指示剂　称取1g酚酞溶于适量乙醇中，再用乙醇稀释至100mL。

2. 氢氧化钠标准溶液的标定

（1）标定步骤　采用减重法准确称取6g于105～110℃干燥至恒重的基准邻苯二甲酸氢钾，加80mL无二氧化碳的蒸馏水溶解，加2滴酚酞指示剂，用配制的氢氧化钠溶液（1mol/L）滴定至溶液呈粉红色，保持30s不褪色。平行实验做3次以上，并以水代替邻苯二甲酸氢钾溶液做空白对照试验。

（2）标定氢氧化钠溶液（0.5mol/L）　步骤同（1），但基准邻苯二甲酸氢钾的量改为3g。

(3) 标定氢氧化钠溶液（0.1mol/L）　步骤同（1），但基准邻苯二甲酸氢钾的量改为0.6g，加入50mL无二氧化碳的蒸馏水溶解。

3. 结果计算

氢氧化钠标准溶液浓度按式（1-3）计算。

$$c = \frac{m}{(V_1 - V_2) \times M} \tag{1-3}$$

式中　c——氢氧化钠标准滴定溶液的物质的量浓度，mol/L；

m——邻苯二甲酸氢钾的质量，g；

V_1——氢氧化钠标准溶液体积，mL；

V_2——空白试验消耗氢氧化钠标准溶液的体积，mL；

M——邻苯二甲酸氢钾的摩尔质量，204.22g/mol。

至少取3次平行实验结果的平均值，结果保留小数点后4位，每次实验结果的相对平均偏差不超过0.2%。

（四）高锰酸钾标准溶液的配制与标定 [c（1/5 $KMnO_4$）=0.1mol/L]

1. 配制

称取3.3g高锰酸钾，溶于1050mL水中，缓缓煮沸15min，冷却，于暗处放置2周，用已处理过的4号玻璃滤锅（在同样浓度的高锰酸钾溶液中缓缓煮沸5min）过滤，并将溶液贮存于棕色瓶中。

2. 标定

采用减重法准确称取0.2g在110℃下干燥至恒重的基准物草酸钠于锥形瓶中，溶于100mL硫酸溶液（8+92）中，用配制的高锰酸钾溶液滴定，近终点时加热至约65℃，继续滴定至溶液呈粉红色，保持30s不褪色，在滴定终了时，溶液温度不低于55℃。平行实验做3次以上，同时做空白试验。

3. 结果计算

高锰酸钾标准滴定溶液的实际浓度[c（1/5 $KMnO_4$）]按式（1-4）计算。

$$c = \frac{m \times 1000}{(V_1 - V_2) \times (M/2)} \tag{1-4}$$

式中　m——基准物草酸钠的质量，g；

V_1——实际消耗$KMnO_4$标准滴定溶液的体积，mL；

V_2——空白消耗标准滴定溶液的体积，mL；

M——草酸钠的摩尔质量，134.02g/mol。

至少取3次平行实验结果的平均值，结果保留小数点后4位，每次实验结果的相对平均偏差不超过0.2%。

（五）草酸标准滴定溶液的配制与标定 [c（1/2 $H_2C_2O_4$）=0.1mol/L]

1. 配制

直接称样法称取6.4g草酸，加适量的水使之溶解并稀释至1000mL，混匀。

2. 标定

量取35.00~40.00mL配制好的草酸溶液，加100mL硫酸溶液（8+92），用高锰酸钾标准滴定溶液[c（1/5$KMnO_4$）=0.1mol/L]滴定，近终点时加热至约65℃，继续滴定至溶液呈粉红色，并保持30s。在滴定终点时，溶液温度应不低于55℃。平行实验做3次以上，同时做空白试验。

3. 结果计算

草酸标准滴定溶液的浓度［c（1/2 $H_2C_2O_4$）］按式（1-5）计算。

$$c=\frac{(V_1-V_2)\times c_1}{V} \tag{1-5}$$

式中 V_1——高锰酸钾标准溶液体积，mL；

V_2——试剂空白试验消耗高锰酸钾标准溶液体积，mL；

c_1——高锰酸钾标准滴定溶液的物质的量浓度，mol/L；

V——草酸溶液体积，mL。

至少取3次平行实验结果的平均值，结果保留小数点后4位，每次实验结果的相对平均偏差不超过0.2%。

（六）硝酸银标准滴定溶液的配制与标定［c（$AgNO_3$）=0.1mol/L］

1. 配制

（1）硝酸银标准滴定溶液的配制

①称取17.5g硝酸银，加入适量水使之溶解，并稀释至1000mL，混匀，避光保存。

②需用少量硝酸银标准溶液时，可采用减重法准确称取4.3g（精确到0.001g）在硫酸干燥器中干燥至恒重的硝酸银（优级纯），加水使之溶解，移至250mL容量瓶中，并稀释至刻度，混匀，避光保存。

（2）淀粉指示液　称取0.5g可溶性淀粉，加入5mL水，搅匀后缓缓倾入100mL沸水中，随加随搅拌，煮沸2min，放冷，备用。此指示液应临用时配制。

（3）荧光黄指示液　称取0.5g荧光黄，用乙醇溶解并稀释至100mL。

2. 标定

（1）采用上述1（1）①配制的硝酸银标准溶液进行标定　采用减重法准确称取0.2g在500~600℃灼烧至恒重的基准氯化钠，加入50mL水使之溶解。加入5mL淀粉指示液，边摇动边用硝酸银标准溶液避光滴定，近终点时，加入3滴荧光黄指示液，继续滴定混浊液由黄色变为粉红色，平行操作3次以上。

（2）采用上述1（1）②法配制的硝酸银标准溶液不需要标定。

3. 结果计算

硝酸银标准滴定溶液的浓度按式（1-6）计算。

$$c=\frac{m\times 1000}{V_0\times M} \tag{1-6}$$

由上述1（1）①配制的硝酸银标准滴定溶液：

式中 m——基准氯化钠的质量，g；

V_0——硝酸银标准溶液体积，mL；

M——氯化钠的摩尔质量，M（NaCl）=58.442g/mol。

由上述1（1）②配制的硝酸银标准滴定溶液：

式中 m——硝酸银的质量，g；

V_0——硝酸银标准溶液体积，mL；

M——硝酸银的摩尔质量，$M(AgNO_3)=170g/mol$。

至少取3次平行实验结果的平均值，结果保留小数点后4位，每次实验的相对平均偏差不超过0.2%。

硝酸银标准滴定溶液（0.02mol/L、0.01mol/L）是临用前取硝酸银标准滴定溶液（0.1mol/L）稀释制成。

（七）碘标准滴定溶液的配制与标定 [$c(1/2\ I_2)=0.1mol/L$]

1. 配制

（1）碘标准滴定溶液　采用直接称样法。称取13.5g碘，加36g碘化钾、50mL水，溶解后加入3滴盐酸及适量水稀释至1000mL。用垂融漏斗过滤，置于阴凉处，密闭，避光保存。

（2）淀粉指示液　称取1.0g可溶性淀粉，加入5mL水，搅匀后缓缓倾入100mL沸水中，随加随搅拌，煮沸2min，放冷，备用。此指示液应临用时配制。

2. 标定

准确量取35.00～40.00mL配制的碘溶液，置于碘量瓶中，加150mL水（15～20℃），加5mL盐酸溶液[$c(HCl)=0.1mol/L$]，用硫代硫酸钠标准滴定溶液[$c(Na_2S_2O_3)=0.1mol/L$]滴定，近终点时加2mL淀粉指示液，继续滴定至溶液蓝色消失。

用水做消耗碘的空白试验，取250mL水（15～20℃），加5mL盐酸溶液[$c(HCl)=0.1mol/L$]，加0.05～0.2mL配制的碘溶液及2mL淀粉指示液，用硫代硫酸钠标准滴定溶液[$c(Na_2S_2O_3)=0.1mol/L$]滴定至溶液蓝色消失。

3. 结果计算

碘标准滴定溶液浓度[$c(1/2\ I_2)$]按式（1-7）计算。

$$c(1/2I_2)=\frac{(V_1-V_2)\times c_1}{V_3-V_4} \tag{1-7}$$

式中　V_1——硫代硫酸钠标准滴定溶液体积，mL；

V_2——空白试验消耗硫代硫酸钠标准滴定溶液体积，mL；

c——硫代硫酸钠标准滴定溶液物质的量浓度，mol/mL；

V_3——碘溶液体积，mL；

V_4——空白试验加入碘溶液体积，mL。

至少取3次平行实验结果的平均值，结果保留小数点后4位，每次实验结果的相对平均偏差不超过0.2%。

碘标准滴定溶液（0.02mol/L）是临用前取碘标准滴定溶液（0.1mol/L）稀释制成。

（八）硫代硫酸钠标准溶液的配制与标定 [$c(Na_2S_2O_3)=0.1mol/L$]

1. 配制

称取26g五水合硫代硫酸钠（或16g无水硫代硫酸钠）及0.2g无水碳酸钠，溶于1000mL水中，缓缓煮沸10min，冷却。放置2周后用4号玻璃滤锅过滤，保存在棕色瓶中。

2. 标定

称取0.18g已于（120±2）℃干燥至恒量的工作基准试剂重铬酸钾，置于碘量瓶中，溶于25mL水，加2g碘化钾及20mL硫酸溶液（20%），摇匀，于暗处放置10min。加150mL水（15～20℃），用配制的硫代硫酸钠溶液滴定，近终点时加2mL淀粉指示液（10g/L），继续滴定至溶液由蓝色变为亮绿色。平行试验3次以上，同时做试剂空白试验。

3. 结果计算

硫代硫酸钠标准溶液的浓度按式（1-8）计算。

$$c = \frac{m \times 1000}{(V_1 - V_2) \times (M/6)} \tag{1-8}$$

式中 m——基准重铬酸钾的质量，g；

V_1——硫代硫酸钠标准溶液的体积，mL；

V_2——空白试验消耗硫代硫酸钠标准溶液的体积，mL；

M——重铬酸钾的摩尔质量，M（$K_2Cr_2O_7$）=294.19g/mol。

至少取3次平行实验结果的平均值，结果保留小数点后4位，每次实验结果的相对平均偏差不超过0.2%。

硫代硫酸钠标准溶液（0.02mol/L，0.01mol/L）是临用前取硫代硫酸钠标准溶液（0.1mol/L），加新煮沸过的冷却的蒸馏水稀释制成。

（九）乙二胺四乙酸二钠标准溶液的配制与标定

1. 乙二胺四乙酸二钠标准溶液的配制

（1）乙二胺四乙酸二钠标准溶液（0.05mol/L） 采用直接称样法，称取20g乙二胺四乙酸二钠（$C_{10}H_{14}N_2O_8Na_2 \cdot 2H_2O$），加入1000mL水，加热使之溶解，冷却后摇匀，置于玻璃瓶中。避免与橡皮塞、橡皮管接触。

（2）乙二胺四乙酸二钠标准滴定溶液（0.02mol/L） 称取8g乙二胺四乙酸二钠，加入1000mL水，加热使之溶解，冷却后摇匀，置于玻璃瓶中。避免与橡皮塞、橡皮管接触。

（3）乙二胺四乙酸二钠标准滴定溶液（0.01mol/L） 称取4g乙二胺四乙酸二钠，加入1000mL水，加热使之溶解，冷却后摇匀，置于玻璃瓶中，避免与橡皮塞、橡皮管接触。

2. 氨水-氯化铵缓冲液（pH=10）

称取5.4g氯化铵，加适量水溶解后，加入35mL氨水，再加水稀释至100mL。

3. 氨水（4+6）

量取40mL氨水，加水稀释至100mL。

4. 铬黑T指示剂

称取0.1g铬黑T〔6-硝基-1-（1-萘酚-4-偶氮）-2-萘酚-4-磺酸钠〕，加入10g氯化钠，研磨混合。

5. 乙二胺四乙酸二钠标准溶液的标定

（1）乙二胺四乙酸二钠标准溶液（0.05mol/L） 采用减重法，准确称取0.4g在800℃灼烧至恒重的基准氧化锌，置于小烧杯中，加入1mL盐酸，溶解后移入100mL容量瓶中，加水稀释至刻度，混匀。吸取30.00~35.00mL此溶液于250mL锥形瓶中，加入70mL水，用氨水（4+6）中和至pH为7~8，再加10mL氨水-氯化铵缓冲液（pH10），用乙二胺四乙酸二钠标准溶液滴定，接近终点时加入少许铬黑T指示剂，继续滴定至溶液自紫色转变为纯蓝色。

（2）乙二胺四乙酸二钠标准滴定溶液（0.02mol/L） 采用减重法，准确称取0.16g在800℃灼烧至恒重的基准氧化锌，置于小烧杯中，加入0.4mL盐酸，溶解后移入100mL容量瓶中，加水稀释至刻度，混匀。吸取30.00~35.00mL此溶液于250mL锥形瓶中，加入70mL水，用氨水（4+6）中和至pH为7~8，再加10mL氨水-氯化铵缓冲液（pH=10），用乙二胺四乙酸二钠标准溶液滴定，接近终点时加入少许铬黑T指示剂，继续滴定至溶液自紫色转变为纯蓝色。

(3) 乙二胺四乙酸二钠标准滴定溶液(0.01mol/L)　采用减重法，准确称取0.08g在800℃灼烧至恒重的基准氧化锌，置于小烧杯中，加入0.4mL盐酸，溶解后移入100mL容量瓶中，加水稀释至刻度，混匀。吸取30.00～35.00mL此溶液于250mL锥形瓶中，加入70mL水，用氨水(4+6)中和至pH为7～8，再加10mL氨水－氯化铵缓冲液(pH=10)，用乙二胺四乙酸二钠标准溶液滴定，接近终点时加入少许铬黑T指示剂，继续滴定至溶液自紫色转变为纯蓝色。

同时做试剂空白试验。

6. 结果计算

乙二胺四乙酸二钠标准滴定溶液浓度按式(1-9)计算。

$$c = \frac{m \times 1000}{(V_1 - V_2) \times M} \tag{1-9}$$

式中　m——基准氧化锌的质量，g；

V_1——乙二胺四乙酸二钠标准溶液体积，mL；

V_2——空白试验消耗乙二胺四乙酸二钠标准溶液体积，mL；

M——氧化锌的摩尔质量，M(ZnO)=81.408g/mol。

至少取3次平行实验结果的平均值，结果保留小数点后4位，每次实验结果的相对平均偏差不超过0.2%。

第三节　食品分析结果与数据处理

一、食品分析的方法

主要有感官分析法、物理分析法、化学分析法、生物学分析法以及仪器分析法。

(1) 感官分析法　通过视觉、味觉、嗅觉和触觉对食品进行鉴定的一种分析方法。

(2) 物理分析法　指对产品的物理性质进行分析，包括相对密度法、折光法、旋光法、食品物性分析法等。

(3) 化学分析法　是建立在食品中某些化合物的特征化学反应基础上的一种分析方法，有重量法和容量法两大类。

(4) 生物学分析法　利用生化反应对物质进行定性定量分析，常用的有酶联免疫分析和速测试纸等。

(5) 仪器分析法　依据化合物的光学、电化学等物理性质或者物理化学性质对食品组分进行定量分析，一般分为光学分析法、电化学分析法和色谱分析法等。

二、分析误差及其控制

(一) 误差

分析结果与真实值之间的差值称为误差。根据误差产生的原因和性质，将误差分为系统误差和偶然误差两大类。

系统误差：是由于某种确定的原因引起的，按照某一确定的规律发生的误差。

偶然误差：又称为随机误差，是由某些难以控制、无法避免的偶然因素造成的，其大小与正负值都是不固定的。

两者之间的区别如表1－3所示。

表1－3　系统误差与偶然误差的区别

项目	系统误差	偶然误差
产生原因	固定因素，有时不存在	不定因素，总是存在
分类	方法误差、仪器与试剂误差、主观误差	环境的变化因素、主观的变化因素等
性质	重现性、单向性、可测性	不可测性
影响	准确度	精密度
消除、减小的方法	校正	增加测定的次数

（二）精密度、准确度

1. 精密度

精密度是指在一定的条件下，进行多次平行测定时，每一次测定结果相互接近的程度。精密度是由偶然误差造成的，它反映了分析方法的稳定性和重现性。精密度通常用偏差（deviation）来表示。测定值越集中，偏差越小，精密度越高；反之测定值越分散，偏差越大，精密度越低。

（1）精密度的测定　在某一实验室，使用同一操作方法，测定同一稳定样品时，允许变化的因素有操作者、时间、试剂、仪器等，测定值之间的相对偏差即为该方法在实验室的精度。

（2）精密度的表示

①相对偏差：相对偏差按式（1－10）进行计算。

$$相对偏差(\%) = \frac{X_i - \overline{X}}{\overline{X}} \times 100 \qquad (1-10)$$

式中　X_i——某一次的测定值；

$\overline{X}$——测定值的平均值。

平行样相对误差按式（1－11）进行计算。

$$平行样相对误差(\%) = \frac{|X_1 - X_2|}{\frac{X_1 + X_2}{2}} \times 100 \qquad (1-11)$$

②标准偏差

a. 算术平均值。多次测定值的算术平均值可按式（1－12）计算。

$$\overline{X} = \frac{X_1 + X_2 + \cdots\cdots + X_n}{n} = \frac{\sum_{i=1}^{n} X_i}{n} \qquad (1-12)$$

式中　$\overline{X}$——n次重复测定结果的算术平均值；

n——重复测定次数；

X_i——n次测定中第i个测定值。

b. 标准偏差。它反映随机误差的大小，用标准差（S）表示，按式（1－13）进行计算。

$$S = \sqrt{\frac{\sum_{i=1}^{n}(X_i - \overline{X})^2}{n-1}} = \sqrt{\frac{\sum_{i=1}^{n}X_i^2 - (\sum_{i=1}^{n}X_i)^2/n}{n-1}} \tag{1-13}$$

式中　$\overline{X}$——n 次重复测定结果的算术平均值；

n——重复测定次数；

X_i——n 次测定中第 i 个测定值；

S——标准差。

③相对标准偏差：相对标准偏差按式（1－14）进行计算。

$$RSD = \frac{S}{\overline{X}} \times 100 \tag{1-14}$$

式中　RSD——相对标准偏差；

S——标准差；

$\overline{X}$——n 次重复测定结果的算术平均值。

2. 准确度

准确度指测定值与真实值的符合程度，它主要反映测定系统中，存在的系统误差和偶然误差的综合性指标，反映了检验结果的可靠程度。准确度通常用误差来表示，误差越小，测量值与真实值越接近，准确度越高。误差可用绝对误差和相对误差表示。绝对误差和相对误差都有正值和负值，正值表示分析结果偏高，负值表示分析结果偏低。准确度常用相对误差表示，它能更好地表示分析结果的准确度。

此外，实验室常通过回收试验的方法确定准确度。多次回收试验还可以发现检验方法的系统误差。

（1）标准度的测定　某一稳定样品中加入不同水平已知量的标准物质（将标准物质的量作为真值）称为加标样品；同时测定样品和加标样品；加标样品扣除样品值后与标准物质的误差即为该方法的准确度。

（2）用回收率表示方法的准确度　加入的标准物质的回收率按式（1－15）进行计算。

$$P = \frac{X_1 - X_0}{m} \times 100(\%) \tag{1-15}$$

式中　P——加入的标准物质的回收率；

m——加入的标准物质的质量；

X_1——加标试样的测定值；

X_0——未加标试样的测定值。

3. 提高分析结果准确度与精密度的方法

①选择合适的分析方法。

②准确称取样品量。

③定期对各种试剂、仪器、器皿进行校订或校正。

④增加测定次数。

⑤做空白试验。

⑥做对照实验。

⑦做回收率实验。

⑧标准曲线的回归。

三、 数据的记录和运算法则

1. 有效数字

食品理化检验中直接或间接测定的量，一般都用数字表示，但它与数学中的“数”不同，而仅仅表示量度的近似值。在记录测量数据时，只保留一位可疑数字；在结果报告中，也只能保留一位可疑数字，如0.0123与1.23都为三位有效数字。当数字末端的“0”不作为有效数字时，要用科学计数法表示。如24600取三位有效数字，应写作2.46×10^4。要满足以下运算规则：

（1）除有特殊规定外，一般可疑数表示末位1个单位的误差。

（2）复杂运算时，其中间过程多保留一位有效数，最后结果须取应有的位数。

（3）加减法计算的结果，其小数点以后保留的位数，应与参加运算各数中小数点后位数最少的相同。

（4）乘除法计算的结果，其有效数字保留的位数，应与参加运算各数中有效数字位数最少的相同。

方法测定中按其仪器准确度确定了有效数字的位数后，先进行运算，运算后的数值再修约。

2. 数字修约规则

（1）在拟舍弃的数字中，若左边第一个数字小于5（不包括5）时，则舍去，即所拟保留的末位数字不变。

例如：将14.2432修约到保留一位小数。

修约前	修约后
14.2432	14.2

（2）在拟舍弃的数字中，若左边的第一个数字大于5（不包括5）则进一，即所拟保留的末位数字加一。

例如：将26.4843修约到只保留一位小数。

修约前	修约后
26.4843	26.5

（3）在拟舍弃的数字中，若左边第一位数字等于5，其右边的数字并非全部为零时，则进一，即所拟保留的末位数字加一。

例如：将1.0501修约到只保留一位小数。

修约前	修约后
1.0501	1.1

（4）在拟舍弃的数字中，若左边第一个数字等于5，其右边的数字皆为零时，所以保留的末位数字若为奇数则进一，若为偶数（包括“0”）则不进。

例如：将下列数字修约到只保留一位小数。

修约前	修约后
0.3500	0.4
0.4500	0.4
1.0500	1.0

（5）所拟舍弃的数字，若为两位以上数字时，不得连续进行多次修约，应根据所拟舍弃

数字中左边第一个数字的大小，按上述规定一次修约出结果。

例如：将 15.4546 修约成整数。

正确的做法是：

修约前	修约后
15.4546	15

不正确的做法是：

修约前	一次修约	二次修约	三次修约	四次修约（结果）
15.4546	15.455	15.46	15.5	16

四、 数据处理方法

计算机软件在食品分析数据处理中的应用非常广泛，常用的数据处理软件如下。

1. Excel

Microsoft Excel 是微软公司的办公软件 Microsoft office 的组件之一，可以进行各种数据的处理和统计分析。食品分析实验中的标准曲线、误差、偏差、方差、精密度、准确度、回收率、灵敏度和检测限等指标均可以通过该软件的运行而获得。Excel 在食品分析中应用广泛、使用简单，但绘图精度有待提高。

2. Origin

Origin 是一款专业的制图软件与数据分析软件，Origin8.0 能够满足一般用户的制图需求，如完成线图、散点图、点线图、直方图、饼图以及雷达图和三维图等。这款软件特别适用于食品分析中不规则或高精度图的制作。

3. SPSS

SPSS 在食品分析中的应用主要是在统计分析和图表分析方面，功能包括均值比较、一般线性模型、相关分析、回归分析、多重响应等。

4. SAS

SAS 是一个模块化、集成化的大型统计分析应用软件系统，在食品分析里的应用与 SPSS 相似。

5. MATLAB

MATLAB 在食品分析中的应用不广泛，只用于特定的分析中，一般用于食品物性或生物学研究图像输出处理。

五、 分析结果的表述

根据 GB/T5009.1—2003《食品卫生检验方法 理化部分 总则》，分析结果的表述应注意下述事项。

1. 结果的表述应报告平行样测定值的算术平均值，并报告计算结果表示到小数点后的位数或有效位数，测定值的有效数字的位数应能满足卫生标准的要求。

2. 样品测定值的单位应使用法定计量单位。

3. 如果分析结果在方法的检出限以下，可以用“未检出”表述分析结果，但应注明检出限数值。

4. 检验结果的表示应采用法定计量单位并尽量与食品标准一致。

CHAPTER 2

第二章 基础实验

第一节 样品采集及物理性检验

实验一 食品样品采集、制备、前处理

（一）实验目的

1. 掌握样品的一般取样方法。
2. 掌握样品的溶剂提取前处理方法。
3. 了解食品样品的基本制备方法。

（二）实验原理

样品的采集简称采样，指从大量的被分析对象中抽取一部分有代表性的样品作为分析材料这一过程。采样的方法一般分为随机采样和代表性采样。随机采样指按照随机的原则，从被分析的大批物料中抽取部分样品。代表性采样指按照系统抽样法进行样品的采集。采样应注意样品的生产日期、批号、代表性和均匀性（掺伪食品和食品中毒样品除外）。采集的数量应能反映该食品的卫生质量和满足检验项目对样品量的需要。

具体的取样方法根据分析对象的不同而异。液体、半流体食品如用大桶或大罐盛装的，应充分混匀后再采样。粮食及固体食品应自每批食品上、中、下三层中的不同部位分别采取部分样品，混合后按四分法对角缩分，最后取得有代表性的样品。肉类、水产等食品应按照分析项目要求采取不同部位的样品或混合后采样。罐头、瓶装食品或其他小包装食品，应根据批号随机取样。

四分法方法为：将采取的样品铺在木板（或玻璃板、牛皮纸）上成为均匀的一层，按照对角线划分为四等份。取对角的两份为进一步取样的材料，而将其余的对角两份淘汰。再将已取中的两份样品充分混合后重复上述方法取样。反复操作，每次均淘汰 50% 的样品，直至所取样品达到所要求的数量为止。这种取样的方法称作“四分法”。一般禾谷类、豆类及油料作物的种子均可采用这个方法采取平均样品，但注意样品中不要混有不成熟的种子及其他混杂物。

由于采集的样品数量过多或组成不均匀，为保证分析结果的准确可靠，在分析测定前必须

对样品进行制备，包括整理、粉碎、过筛、混匀、缩分、净化、浓缩等步骤。

在食品分析中，由于食品或食品原料的成分十分复杂，而且其中某些组分（如糖类、蛋白质、脂肪、维生素等）或杂质之间往往以复杂的结合态或络合态形式存在，对分析测定产生干扰，因此在正式测定之前，需要对样品进行适当的前处理，去除干扰物。主要的前处理方法有：有机物破坏法（如干法灰化法、湿法消化法）、溶剂抽提法、蒸馏法、色层分离法、化学分离法、浓缩法等。本次实验主要学习干法灰化法和湿法消化法。

干法灰化：以氧为氧化剂，在高温下长时间灼烧，使其中的有机物脱水、炭化、分解、氧化，生成二氧化碳、水或其他挥发性气体散逸掉，残留的白色或灰色残渣即为无机成分。

湿法消化：样品中加入强氧化剂，并加热消煮，使样品中的有机物质完全分解、氧化，呈气态逸出，待测组分转化为无机物状态存在于消化液中。常用的强氧化剂有浓硝酸、浓硫酸、高氯酸、高锰酸钾、过氧化氢等。

（三） 器材与试剂

1. 实验仪器

（1） 长柄勺。

（2） 压板。

（3） 烧杯。

（4） 小刀。

（5） 研钵。

（6） 蒸发皿。

（7） 天平。

（8） 电炉。

（9） 电热鼓风干燥箱。

（10） 马弗炉。

（11） 坩埚。

（12） 量筒。

（13） 玻璃棒。

2. 实验试剂

（1） 盐酸。

（2） 硝酸。

3. 实验材料

大米、蔬菜、苹果、滤纸。

（四） 操作步骤

1. 大米样品的四分法采样

“四分法”将原始样品做成平均样品，即将原始样品充分混合均匀后堆集在清洁的玻璃板上，压平成厚度在3cm以下的形状，并划成对角线或“+”字线，将样品分成四份，取对角线的两份混合，再分为四份，取对角的两份（图2－1）。这样操作直至取得所需数量为止，此即是平均样品。

2. 大米样品的制备

取一定量的大米→按四分法取样→植物组织粉碎机粉碎→过80目筛→转移至干净容器→装入铝盒保藏→待测。

3. 蔬菜的取样

随机选取3棵蔬菜→整棵清洗→混合→组织捣碎机捣碎→混匀即为原始样品→转移至干净容器→待测。

4. 苹果的取样

随机选取1个苹果→沿生长轴按四分法切→取对角2块→切碎→混匀转移至干净容器→待测。

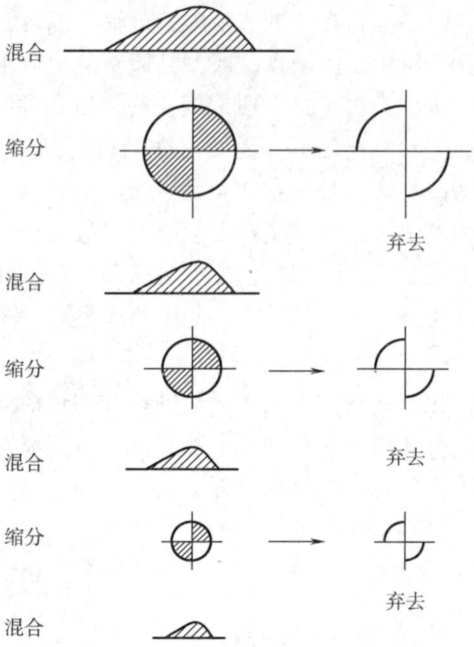

图2-1 四分法采样

5. 大米湿法消化

称取5g大米，置于250mL烧杯中，先加少许水湿润，加几粒玻璃珠，10～15mL硝酸－高氯酸混合液（硝酸:高氯酸=4:1），放置片刻，小火慢慢加热，待作用缓和，放冷。加5～10mL硫酸，再加热，至液体变成棕色时，不断加入硝酸－高氯酸混合液至有机物完全分解。加大火力至产生白烟，待瓶口白烟冒净后，瓶内液体再产生白烟为消化完全，溶液为澄清透明无色或微带黄色，放冷。操作过程中应注意防止爆沸或爆炸。加20mL水煮沸，除去残余的硝酸至产生白烟为止。溶液加水定容到50mL的容量瓶中。定容后的溶液每10mL相当于1g样品。

6. 蔬菜的干法消化

取新鲜蔬菜，先用自来水清洗，再用蒸馏水清洗，切碎，用研钵捣碎，称取10g，置于蒸发皿中，在通风处小火加热，直至不再冒烟为止（或放入电热鼓风干燥箱，干燥2h），然后将其放入马弗炉内灰化（注意升温速度不要太快，最高温500℃，时间10～20h）。冷却后，加入1:1的盐酸，如果不完全溶解，小火加热使其全部溶解，若再不溶解，加入2～3mL硝酸，使其溶解，加5mL水，然后过滤，移入50mL的容量瓶中。加水定容，摇匀，备用。

（五）注意事项

1. 样品要混合均匀，取样要有代表性。

2. 干法灰化时要注意操作安全，谨防烫伤。把坩埚从马弗炉中取出时，要在炉口停留片刻，使坩埚预热或冷却，防止因温度剧变而使坩埚破裂。

3. 湿法灰化时使用强酸试剂，要注意安全。

思考题

1. 蔬菜的干法消化过程中有哪些影响因素?
2. 为什么样品在高温灼烧前，要先炭化至无烟?

实验二 食品折射率、旋光度的测定

（一） 实验目的

1. 掌握折光仪、旋光仪的使用原理及方法。
2. 掌握使用折光仪、旋光仪测量有关食品的浓度、纯度及品质的方法。

（二） 实验原理

1. 折光法

由于样液的浓度不同，折射率不同，故临界角的数值也不同，而折射率与临界角成正比，所以只需调整折光仪，使样液的入射角达到临界角，此时即可读取样液的折射率或质量分数。

2. 旋光法

旋光度是每一种光学活性物质的特征常数，在一定条件下，比旋光度 $[\alpha]_{\lambda}^{t}=\frac{\alpha}{LC}$ 是已知的，L 为一定值，所以测得了旋光度 α 就可以计算出旋光质溶液中的浓度 C。

（三） 器材与试剂

1. 实验仪器

（1） 手持折光仪。

（2） 自动旋光仪。

2. 实验材料

牛乳、糖液。

（四） 操作步骤

1. 手持折光仪的使用

（1） 使用方法

①掀起棱镜盖板，用柔软的绒布仔细地将折光棱镜清洗干净，并用滤纸和擦镜纸将水拭净。

②调零：取蒸馏水 1 ~ 2 滴，置于折光棱镜面上，合上盖板，通过接目镜观察刻度。如果分界线未与刻度盘“0”点重合，为了调焦，可向任意方向旋转接目镜，直至视场清晰。

③取样液 1 ~ 2 滴，置于折光棱镜面上，并保持水平状态轻轻合上盖板，使溶液均匀分布在棱镜面，如有气泡必须消除。

④将仪器进光窗对向光源，通过接目镜观察刻度。

⑤在分界线和刻度盘交叉处读取测量值，读数即为溶液含糖量（质量分数）。

⑥用柔软的绒布擦净样液。

（2） 校正方法　若测定温度不是 20℃，应进行温度校正。方法是：温度高于 20℃ 时，读数加上查读数温度修正表（表 2 − 1）得出的相应校正值，即为样液的准确浓度数值。若低于

20℃，读数减去查读数温度修正表得出的相应校正值，即为样液的准确浓度数值。

表2－1 读数温度修正表

温度/℃	Brix/%							
	0	5	10	15	20	25	30	35
15	0.29	0.3	0.32	0.33	0.34	0.35	0.36	0.37
16	0.24	0.25	0.26	0.27	0.28	0.28	0.29	0.3
17	0.18	0.19	0.2	0.2	0.21	0.21	0.22	0.22
18	0.12	0.13	0.13	0.14	0.14	0.14	0.15	0.15
19	0.06	0.06	0.07	0.07	0.07	0.07	0.07	0.08

2. 自动旋光仪的使用

（1）仪器使用前的准备

①打开电源，关闭空测试筒盖，稳定约10min。

②将旋光管洗净、盛装蒸馏水后恒温，放入旋光仪中。转动目镜调焦螺旋，使视场清晰。

③旋转度盘直至见到图2－2左图视场（暗视场）。

④旋转度盘到零点（即“0”与“0”对准），可见到亮度基本一致的图2－3视场。

⑤旋转度盘，使中间一条略偏暗或略偏亮的条形消失，整个视场亮度一致（平衡）后（图2－3），记下度盘读数，然后按顺时针和逆时针方向旋转度盘，每次达到视场亮度一致后记下度盘读数，如此反复后，取读数的平均值作为仪器的零点值。

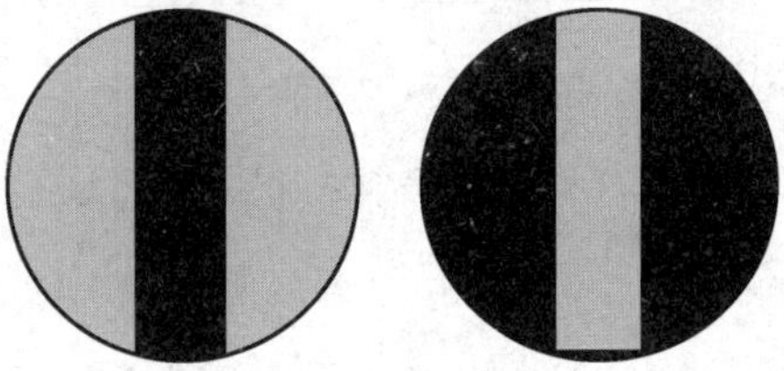

图2－2 自动旋光仪度盘读数大于（或小于）零度视场

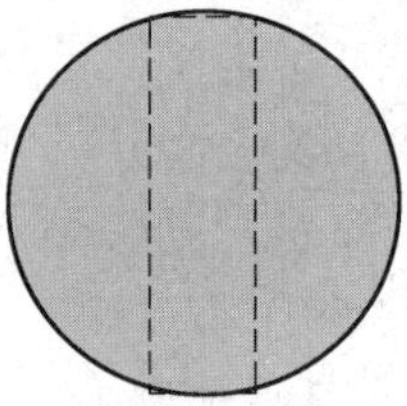

图2－3 自动旋光仪度盘读数为零度视场

（2）测量准备

①旋开试管螺帽，取下螺套、玻璃护片、密封圈，用清水冲洗内壁，再用蒸馏水洗净内壁。

②把待测溶液配制好，并加以稳定和沉淀。

③将待测溶液倒入（满）试管待测，但应注意试管两端螺帽不能旋得太紧（一般以随手旋紧不漏水为止），以免产生应力而引起视场亮度发生变化，影响测定准确度，并将两端残液揩拭干净。

④用软布（或滤纸、擦镜纸）擦干试管两端通光面上的雾状水滴，如试管液体中有气泡，需将气泡赶入试管圆球中。

（3）测量

①打开电源10 min，待钠灯完全发出钠黄光后开始测量。

②打开测试筒盖，将试管有圆球的一端放入镜筒中，关闭筒盖。

③在测试筒中放入有被测溶液的试管后，转动目镜调焦螺旋，使视场清晰。如此时见到视场圆心被破坏，要将试管中的气泡赶入试管圆球中。

④当仪器的光束经过试管中的旋光物质后，原视场（偏振面）被旋转了一个角度，此时转动度盘使整个视场亮度向偏暗方向移动，最终达到整个视场亮度平衡后，通过放大镜读取度盘读数。

⑤正角度（右旋）度盘读数值减去仪器零点值即为仪器测量值，负角度（左旋）度盘读数值减去180°即为仪器测量值。

⑥利用公式 $[\alpha]_{\lambda}^{t}=\frac{\alpha}{LC}$，计算出被测物质的浓度或含量。

（五）注意事项

1. 折光棱镜为软质玻璃，注意防止刮花。

2. 样品测定通常规定在20℃时测定，如测定温度不是20℃，可按实际的测定温度，查温度校正表进行校正。若室温在10℃以下或30℃以上时，一般不宜查表校正，可在棱镜周围通以恒温水流，使试样达到规定温度后再测定。

3. 滴在进光镜面上的液体要均匀分布在棱镜面上，并保持水平状态合上两棱镜，保证棱镜缝隙中充满液体。

4. 被测试液不能含有固体杂质，测试固体样品时应防止折射棱镜的工作表面拉毛或产生压痕，严禁测试腐蚀性较强的样品。

5. 温度对旋光度有很大的影响，如测定时温度不是20℃，应进行校正。

6. 淀粉中除了蛋白质对测定结果有影响外，其他可溶性糖及糊精均有影响，用此法测定时应格外注意。

思考题

1. 折射率、旋光度与哪些因素有关？
2. 旋光物质的左旋和右旋是如何定义和划分的？

实验三　食品黏度的测定

（一）实验目的

1. 掌握食品黏度的测定原理。

2. 掌握黏度计测定液体食品黏度的方法，具备独立测定食品黏度的能力。

（二）实验原理

旋转黏度计上的同步电机以稳定的速度带动刻度盘旋转，再通过游丝和转轴带动转子转动，当转子未受到液体的阻力，游丝、指针以同速转动，此时指针在刻度盘上指出的刻度为“0”。将旋转黏度计转子置于黏性流体之中时，由于转子受到液体的黏滞阻力，游丝产生扭力矩，与黏滞阻力抗衡直至达到平衡，这时与游丝连接的指针在刻度圆盘上指示一定的读数，阻力越大，则游丝与之抗衡产生的扭矩也越大，因此刻度盘读数也越大。结合所用的相应转子号数以及转速，对照换算系数表，计算出被测样品的绝对黏度。

（三）器材与试剂

1. 实验仪器

（1）电子分析天平。

（2）旋转黏度计。

（3）恒温水浴锅。

（4）电动搅拌器。

2. 实验材料

全脂牛乳、脱脂牛乳、酸奶、甜炼乳等。

（四）操作步骤

1. 调节仪器水平

调整主机底座的三个水平调节螺钉，使黏度计机头上水准泡处于中间位置。

2. 安装转子

估算被测试样的黏度范围，结合量程表选择合适的转子。

3. 准确地控制被测液体的温度。

4. 测定样品

测定样品液时把样品置于直径不小于700mm，高度不低于125mm的烧杯或试筒（仪器自备）中，使转子尽量置于容器中心部位，缓慢调节升降旋钮，调整转子在被测样品液中的高度，浸入样品液直至液面达到转子的标志刻度为止。

5. 读取黏度数据

启动黏度计，待转子在样品液中转动一定时间，指针趋于稳定时读数，如此重复测量三次，取平均值。

（五）结果计算

根据式（2-1）计算试样的动力黏度。

$$\eta = \mathrm{K} \times S \tag{2-1}$$

式中 η——样品的动力黏度，mPa·s；

K——黏度计常数，mPa·s；

S——黏度计示值。

黏度计常数及量程表见所使用黏度计的说明书。

（六）注意事项

1. 安装转子时可用左手固定连接螺杆，避免刻度指针大幅度左右摆动，同时用右手慢慢将转子旋入连接螺杆，注意不要使转子横向受力，以免转子弯曲。

2. 旋转黏度计与转子为一对一匹配，不可把转子混淆，不得随意拆卸和调整仪器零件。装上转子后，不可在无液体的情况下长期旋转，以免损坏轴尖。使用完毕后应及时清洗转子（注意不得在仪器上清洗转子），清洗后的转子要妥善安放于转子架中。

3. 黏度测定时应保证样品液的均匀性，测定前转子应提前浸于被测样品液中，使其与被测液体温度一致，从而获得较精确的数值。

思考题

本实验操作过程中有哪些注意事项?

实验四 食品硬度的测定

(一) 实验目的

1. 学习食品硬度的测量原理。
2. 了解水果硬度计的使用方法。

(二) 实验原理

硬度是每平方厘米面积上承受的压力，水果的硬度是鉴定水果成熟度、质地品质和耐贮性的重要指标。硬度直接与水果细胞壁及其周围结构的成分有关。通过测定果品组织对外来压缩力的阻力程度来衡量硬度大小。

(三) 器材与试剂

1. 实验仪器

水果硬度计。

2. 实验材料

苹果、梨、葡萄、香蕉等。

(四) 操作步骤

1. 转动刻度盘将水果硬度计调零。
2. 一手握住水果，一手用硬度计将测试头垂直对准果实表面，慢慢下压，均匀用力，使测试头顶部垂直压入果肉中。
3. 当测试头穿破果皮，此时当果品组织形态改变时，停止施加压力，读出标尺上的读数（kg/cm^2）。仪器回零后，多次测量取平均值。
4. 测试同一水果不同部位的硬度值。
5. 测试不同水果的硬度值。

(五) 结果计算

从标尺读出不同水果的硬度值，并记录。试分析果实不同部位硬度的差异。

(六) 注意事项

1. 硬度计调整后，开始测量硬度时，第一个测试点不用。因为第一个测试点处的试样与砧座接触可能不好，使测得的值不准确。待第一点测试完，硬度计处于正常运行状态后再对试样进行正式测试，记录测得的硬度值。

2. 在试样允许的情况下，一般选不同部位至少测试三个硬度值，取平均值作为试样的硬度值。

3. 加载前要检查加载手柄是否放在卸载位，加载时动作要轻稳，不要用力太猛。加载完毕，加载手柄应放在卸载位置，以免仪器长期处于负荷状态，发生塑性变形，影响测量精确度。

思考题

1. 食品硬度的测定有何意义？
2. 为了测定结果尽可能准确，应该注意哪些方面？

实验五　食品质构的测定

（一） 实验目的

1. 掌握食品质构的概念。
2. 熟悉质构仪的测定原理和测定方法。
3. 了解质构仪的使用方法和常见食品质构的测定。

（二） 实验原理

力量感应源连接探头，探头可以随主机曲臂做上升或下降运动，主机内部电路控制部分和数据存储器会记录探头运动所受到的力量，转换成数字信号，并在计算机显示器上同时绘出传感器受力与其移动时间或距离的曲线。

质构仪的检测方法包括五种基本模式：压缩实验、穿刺实验、剪切实验、弯曲实验、拉伸实验，这些模式可以通过不同的运动方式和配置不同形状的探头来实现。

（三） 器材与试剂

1. 实验仪器

质构仪。

2. 实验材料

饼干、苹果、黄瓜、火腿肠、馒头、面包、酸奶、果冻等。

（四） 操作步骤

1. 样品处理

火腿肠去包装后切成 2.5cm 圆柱体备用；整块饼干、苹果、黄瓜、馒头、面包等从包装中取出直接测定；果冻去包装后除去游离水分；酸奶去掉其包装杯上的封口薄膜。

2. 感官评价

利用两点嗜好试验法，对酸奶的黏度和稠度、饼干的硬度和酥脆性以及火腿肠的黏性与嫩度进行感官评价，并进行表格设计。

3. 黄瓜表皮硬度的测定

测试探头：进入弹性探头（NO. 6 3 ¢）。

测试速率：6cm/min。

进入距离：10mm。

检测方法：分别在距果肩端 2～3cm 处、果实中部及距果蒂端 2～3cm 处，于果身圆周对称 4 点［如图 2－4

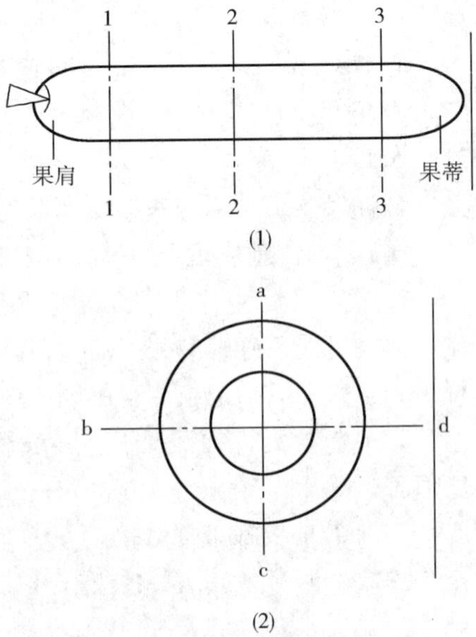

图 2－4　黄瓜表皮硬度的检测方法

中（2）的 a、b、c、d 部位］进行压缩－穿刺测试，各点取平均值，结果用 N 表示。

4. 苹果、桃子硬度的比较测定

测试探头：进入弹性探头（NO. 6 5 ¢）。

测试速率：6cm/min。

进入距离：5mm。

检测方法：沿果梗将果实纵向均匀切分为两瓣，按图 2－5 中所示测点 1、2、3、4 取样，然后切成 3cm×3cm×1cm 的果块，厚薄均匀一致，置于测试台，实验结果取平均值，比较苹果和桃子的硬度。

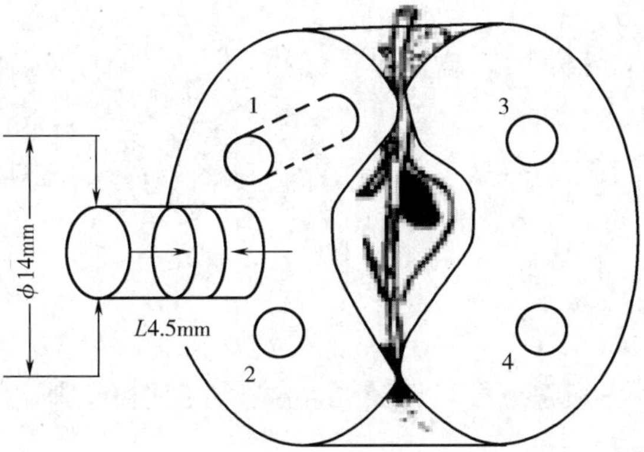

图 2－5 苹果取样方式示意图

5. 烤肠脆性和弹性的测定

（1）脆性

测试探头：进入弹性探头（NO. 6 5 ¢）。

测试速率：6cm/min。

进入距离：5mm。

检测方法：将烤肠切为厚度为 15mm，直径为 1cm 的圆柱体。

（2）弹性

测试探头：黏度弹性探头（NO. 9 15 ¢）。

测试速率：6cm/min。

压缩率：20%，即进入距离 3mm。

检测方法：同脆性的测定。

6. 面包、馒头弹性的比较测定

测试探头：黏度弹性探头（NO. 9 15 ¢）。

测试速率：6cm/min。

压缩率：60%，即进入距离 9mm。

检测方法：用切片机从竖直方向将每个馒头切成 15mm 的均匀薄片，取中部两片测定。

7. 饼干脆性的测定

测试探头：压缩弹性探头（NO. 3 5 ¢）。

测试速率：6cm/min。

进入距离：破碎时停止。

检测方法：直接将饼干置于样品台上检测。

（五）结果计算

样品按质构仪设定的程序进行测定，记录测试条件和结果。每个样品重复实验6次。

（六）注意事项

对各种参数的含义及实验结果进行分析。

思考题

1. 说明其中两种样品所采用测试方法的依据。
2. 根据应力－应变曲线解析蠕变实验和应力松弛实验的各个参数？
3. 对于两种饼干可按本实验中的两点嗜好实验法区分二者口感在硬度和酥脆度上的区别，并与仪器测定结果进行比较。

实验六　液态食品相对密度的测定

（一）实验目的

1. 掌握相对密度的测定方法和操作流程。
2. 掌握密度瓶的工作原理。

（二）实验原理

相对密度系指在相同的温度、压力条件下，某物质的密度与水的密度之比。除另有规定外，温度为20℃。纯物质的相对密度在特定的条件下为不变的常数，但如果物质的纯度不够，则其相对密度的测定值会随着纯度的变化而改变。

（三）器材与试剂

1. 实验仪器

（1）密度瓶　常用规格有容量为5，10，25和50mL的密度瓶或附温度计的密度瓶。

（2）韦氏相对密度天平，恒温水浴锅。

2. 实验材料

液态食品。

（四）操作步骤

1. 密度瓶法

取洁净、干燥并精密称定重量的密度瓶（图2－6），装满供试品（温度应低于20℃或各品种项下规定的温度）后，装上温度计（瓶中应无气泡），置20℃（或各品种项下规定的温度）的水浴中放置若干分钟，使内容物的温度达到20℃（或各品种项下规定的温度），用滤纸除去溢出侧管的液体，立即盖上罩。然后将密度瓶自水浴中取出，再用滤纸将密度瓶的外面擦净，精密称定，减去密度瓶的质量，求得供试品的质量后，将供试品倾去，洗净密度瓶，装满新煮沸过的冷水，再按照上法测得同一温度时水的质量。按公式（相对密度＝供试品质量/水质量）计算，即得供试品的相对密度。

2. 韦氏相对密度天平法

取20℃时相对密度为1的韦氏相对密度天平（图2-7），用煮沸过的冷水将所附玻璃圆筒装至八分满，置20℃的水浴中，搅动玻璃圆筒内的水，调节温度至20℃。将悬于秤端的玻璃锤浸入圆筒内的水中，秤臂右端悬挂游码于1.0000处，调节秤臂左端平衡用的螺旋使天平平衡，然后将玻璃圆筒内的水倾去，拭干，装入供试液至相同的高度，并用同法调节温度后，再把拭干的玻璃锤浸入供试液中，调节秤臂上游码的数量与位置使天平平衡，读取数值，即得供试品的相对密度。

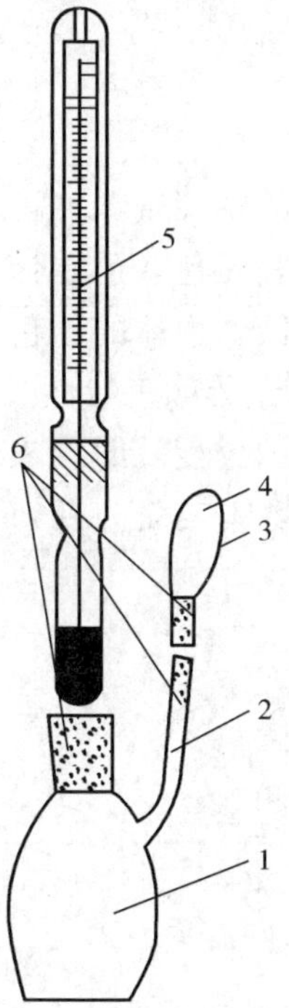

图2-6　密度瓶

1—密度瓶主体　2—侧管　3—侧孔
4—罩　5—温度计　6—玻璃磨口

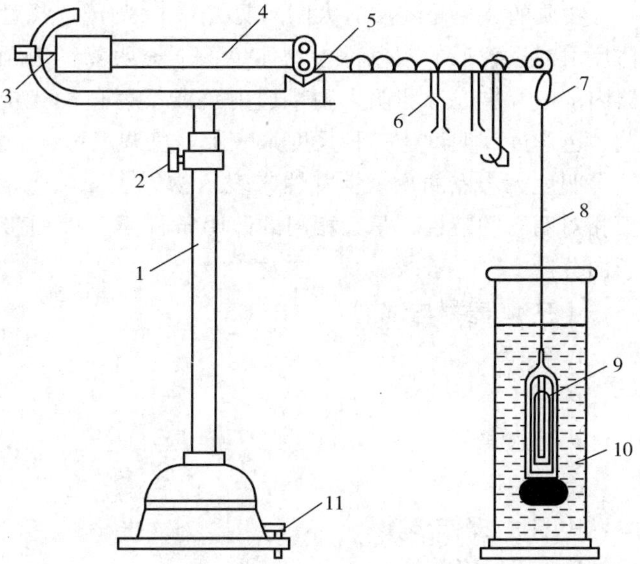

图2-7　韦氏相对密度天平

1—支架　2—调节器　3—指针　4—横梁　5—刀口　6—游码
7—小钩　8—细铂丝　9—玻璃锤　10—玻璃圆筒　11—调整螺丝

（五）注意事项

1. 密度瓶必须洁净、干燥（所附温度计不能采用加温干燥），操作顺序为先称量空密度瓶，再装入供试品后称量，最后装水称重。

2. 装过供试液的密度瓶必须冲洗干净，如供试品为油剂，测定后应尽量倾去，连同瓶塞可先用石油醚和三氯甲烷冲洗数次，待油完全洗去，再以乙醇、水冲洗干净，再依法测定水的质量。

3. 测定有腐蚀性供试液时，为避免腐蚀天平盘，可在称量时将一个表面皿置于天平盘上，再放密度瓶称量。

4. 韦氏相对密度天平应安装在固定平放的操作台上，避免受热、冷、气流及振动的影响。

思考题

测量相对密度的意义是什么?

实验七　采用色差计测定食品颜色

（一） 实验目的

1. 了解物体颜色的基本概念及表示方法。
2. 了解物体颜色的测量方法。
3. 掌握用色差计测量反射物体、透射物体色度值的测量技术。

（二） 实验原理

物质的颜色是物质对太阳可见光（白光）选择性反射或透过的物理现象。可见光被物体反射或透射后的颜色称为物体色，不透明物体表面的颜色称为表面色。色差计是利用仪器内部的标准光源照明来测量透射色或反射色的光电积分测色仪器。物体的颜色一般用色调、色彩度和明度这三种尺度来表示。色调表示红、黄、绿、蓝、紫等颜色特性。色彩度是用等明度无彩点的视知觉特性来表示物体表面颜色的浓淡，并给予分度。明度表示物体表面相对明暗的特性，是在相同的照明条件下，以白板为基准，对物体表面的视知觉特性给予的分度。

（三） 器材与试剂

1. 实验仪器

色差计。

2. 实验材料

不同类型食品。

（四） 操作步骤

1. 试样制作

对于固体食品，测定时要尽量使表面平整。在可能条件下，最好把表面压平。对于糊状食品，使食品中各成分混合均匀，这样仪器测定值就比较一致。例如对果蔬酱、汤汁、调味汁类样品，可以在不使其变质前提下适当均质处理。颗粒食品测定时，尽量使颗粒大小一致。为此，可采用过筛或适当破碎其中大块的方法处理，颗粒大小一致可减少测定值的偏差。果汁类透明液体颜色的测定，为避免光的散射，应使试样面积大于光照射面积。当测定透过色光时，应尽量将试样中的悬浮颗粒用过滤或离心分离的方法除去。对颜色不均匀的平面或混有不同颜色颗粒的食品，测定时可以将试样旋转，以达到混色效果。

2. 开机

将仪器的标准值设定为纯水的三刺激值：$X=94.81$，$Y=100.00$，$Z=107.32$。同时设置内部目标样品的 L^*，a^*，b^* 值为 80.55，81.26 和 −79.92。

3. 设定测量模式和比较色差模式。

4. 测量操作

（1）仪器调零　先将仪器探头上的透射样品架从探头中抽出，把透射调零挡光片放在架上的样品槽内，然后放回透射样品架，执行仪器调零操作。

（2）调白操作 将透射样品架从探头中抽出，拿掉透射调零挡光片，换上擦净后盛满纯水的透射液体槽，放回透射样品架，执行调白操作。

（3）测量样品 调白结束换掉盛满纯水的透射液体槽，将作为标准的目标样品放入洗净擦干的透射液体槽内，然后将透射液体槽小心的夹在透射样品架上，再放入探头中，执行测量操作。仪器可以重复测定9次，测试的结果将是几次结果的算术平均值，按下“显示”按钮键即可得到样品的测定值。

（五）注意事项

1. 仪器应放置在温度稳定、干燥、无振动的地方，避开高温高湿和大量灰尘影响。
2. 切忌用手触摸测试头内部。
3. 色差计测定需对同一样品至少重复测定5次以上。

思考题

色差计与分光光度测色仪的区别是什么？

第二节 食品中一般营养物质的分析检测

实验一 食品中水分含量的测定

（一）实验目的

1. 掌握直接干燥法测定水分的方法及常压恒温干燥箱的使用。
2. 熟悉分析天平的使用方法。
3. 了解水分测定的意义。

（二）实验原理

在一定温度（100～105℃）和压力（常压）下，将样品放在烘箱中加热，样品中的水分受热以后，产生的蒸汽压高于空气在恒温干燥箱中的分压，使水分蒸发出来。同时，由于不断的加热和排走水蒸气，将样品完全干燥，干燥前后样品质量之差即为样品的水分含量，以此计算样品水分的含量。

（三）器材与试剂

1. 实验仪器

（1）常压恒温干燥箱。

（2）玻璃称量皿或带盖铝皿。

（3）电子天平（万分之一）。

（4）干燥器（内附有效干燥剂）。

2. 实验试剂

（1）氢氧化钠（分析纯）。

（2）盐酸（分析纯）。

（3）海砂。

3. 试剂配制

（1）盐酸溶液（6 mol/L） 量取50mL盐酸，加水稀释至100mL。

（2）氢氧化钠溶液（6 mol/L） 称取24g氢氧化钠，加水溶解并稀释至100mL。

（3）海砂 取用水洗去泥土的海砂、河砂、石英砂或类似物，先用盐酸溶液（6mol/L）煮沸0.5h，用水洗至中性，再用氢氧化钠溶液（6mol/L）煮沸0.5h，用水洗至中性，经105℃干燥备用。

（四）操作步骤

1. 将称量皿洗净、烘干，置于干燥器内冷却，再称重，重复上述步骤至前后两次称量之差小于2mg，记录空皿重 m_3。

2. 称取2.00～3.00g样品于已恒重的称量皿中，加盖，准确称重，记录重量 m_1。

3. 将盛有样品的称量皿置于100～105℃的常压恒温干燥箱中，盖斜倚在称量皿边上，干燥2h（在干燥温度达到100℃以后开始计时）。

4. 在干燥箱内加盖，取出称量皿，置于干燥器内冷却0.5h，立即称重。

5. 重复步骤3、4，直至前后两次称量之差小于2 mg，记录重量 m_2。

（五）结果计算

食品中水分含量的测定按式（2-2）计算。

$$水分含量(\%) = \frac{m_1 - m_2}{m_1 - m_3} \times 100 \tag{2-2}$$

式中 m_1——干燥前样品与称量皿（或蒸发皿加海砂、玻璃棒）的质量，g；

m_2——干燥后样品与称量皿（或蒸发皿加海砂、玻璃棒）的质量，g；

m_3——称量皿（或蒸发皿加海砂、玻璃棒）的质量，g。

水分含量≥1g/100g时，计算结果保留三位有效数字；水分含量＜1g/100g时，结果保留两位有效数字。

（六）注意事项

1. 固态样品必须磨碎，全部经过20～40目筛，混合均匀后方可测定。水分含量高的样品要采用二步干燥法进行测定。

2. 油脂或高脂肪样品，由于油脂的氧化，而使后一次的质量可能反而增加，应以前一次质量计算。

3. 对于黏稠样品（如甜炼乳或酱类），将10g经酸洗和灼烧过的细海砂及一根细玻璃棒放入蒸发皿中，在95～105℃干燥至恒重。然后准确称取适量样品，置于蒸发皿中，用小玻璃棒搅匀后放在沸水浴中蒸干（注意中间要不时搅拌），擦干皿底后置于95～105℃干燥箱中干燥4h，按上述操作反复干燥至恒重。

4. 液态样品需经低温浓缩后，再进行高温干燥。

5. 根据样品种类的不同，第一次干燥时间可适当延长。

6. 易分解或焦化的样品，可适当降低温度或缩短干燥时间。

思考题

1. 实验中有哪些注意事项？
2. 直接干燥法测定样品水分需满足哪些条件？

实验二　食品中水分活度的测定

（一）实验目的

1. 掌握扩散法测定水分活度的方法。
2. 熟悉扩散法测定水分活度的原理。
3. 了解测定水分活度的意义。

（二）实验原理

用一般食品水分测定方法定量测定的水分即含水量，不能说明这些水是否都能被微生物利用，对食品的生产和保藏均缺乏科学的指导作用；而水分活度则反映食品与水的亲和能力大小，表示食品中所含的水分作为生物化学反应和微生物生长的可利用价值，水分活度近似地表示为在某一温度下溶液中水蒸气分压与纯水蒸气压之比值。

康威氏皿扩散法即用坐标内插法来测定食品的水分活度，这种方法并不需要特殊的仪器装置，可将一系列已知水分活度的标准溶液与食品试样一起放入密闭的容器中，在恒温下放置一段时间，食品中的自由水与水分活度较高和较低的标准饱和溶液相互扩散，达到平衡后，根据食品试样质量的增减，求得该样品的水分活度值。

（三）器材与试剂

1. 实验仪器

（1）康威氏皿。

（2）称量皿（直径 35mm，高 10mm）。

（3）天平（感量 0.0001g）。

（4）恒温培养箱（精度 ±1℃ 和 0.1g）。

（5）电热恒温鼓风干燥箱。

2. 实验试剂及配制

（1）溴化锂饱和溶液（水分活度为 0.064，25℃）　在易于溶解的温度下，准确称取 500g 溴化锂，加入热水 200mL，冷却至形成固液两相的饱和溶液，贮于棕色试剂瓶中，常温下放置一周后使用。

（2）氯化锂饱和溶液（水分活度为 0.113，25℃）　在易于溶解的温度下，准确称取 220g 氯化锂，加入热水 200mL，冷却至形成固液两相的饱和溶液，贮于棕色试剂瓶中，常温下放置一周后使用。

（3）氯化镁饱和溶液（水分活度为 0.328，25℃）　在易于溶解的温度下，准确称取 150g 氯化镁，加入热水 200mL，冷却至形成固液两相的饱和溶液，贮于棕色试剂瓶中，常温下放置一周后使用。

（4）碳酸钾饱和溶液（水分活度为 0.432，25℃）　在易于溶解的温度下，准确称取 300g

碳酸钾，加入热水200mL，冷却至形成固液两相的饱和溶液，贮于棕色试剂瓶中，常温下放置一周后使用。

（5）硝酸镁饱和溶液（水分活度为0.529，25℃） 在易于溶解的温度下，准确称取200g硝酸镁，加入热水200mL，冷却至形成固液两相的饱和溶液，贮于棕色试剂瓶中，常温下放置一周后使用。

（6）溴化钠饱和溶液（水分活度为0.576，25℃） 在易于溶解的温度下，准确称取260g溴化钠，加入热水200mL，冷却至形成固液两相的饱和溶液，贮于棕色试剂瓶中，常温下放置一周后使用。

（7）氯化钴饱和溶液（水分活度为0.649，25℃） 在易于溶解的温度下，准确称取160g氯化钴，加入热水200mL，冷却至形成固液两相的饱和溶液，贮于棕色试剂瓶中，常温下放置一周后使用。

（8）氯化锶饱和溶液（水分活度为0.709，25℃） 在易于溶解的温度下，准确称取200g氯化锶，加入热水200mL，冷却至形成固液两相的饱和溶液，贮于棕色试剂瓶中，常温下放置一周后使用。

（9）硝酸钠饱和溶液（水分活度为0.743，25℃） 在易于溶解的温度下，准确称取260g硝酸钠，加入热水200mL，冷却至形成固液两相的饱和溶液，贮于棕色试剂瓶中，常温下放置一周后使用。

（10）氯化钠饱和溶液（水分活度为0.753，25℃） 在易于溶解的温度下，准确称取100g氯化钠，加入热水200mL，冷却至形成固液两相的饱和溶液，贮于棕色试剂瓶中，常温下放置一周后使用。

（11）溴化钾饱和溶液（水分活度为0.809，25℃） 在易于溶解的温度下，准确称取200g溴化钾，加入热水200mL，冷却至形成固液两相的饱和溶液，贮于棕色试剂瓶中，常温下放置一周后使用。

（12）硫酸铵饱和溶液（水分活度为0.810，25℃） 在易于溶解的温度下，准确称取210g硫酸铵，加入热水200mL，冷却至形成固液两相的饱和溶液，贮于棕色试剂瓶中，常温下放置一周后使用。

（13）氯化钾饱和溶液（水分活度为0.843，25℃） 在易于溶解的温度下，准确称取100g氯化钾，加入热水200mL，冷却至形成固液两相的饱和溶液，贮于棕色试剂瓶中，常温下放置一周后使用。

（14）硝酸锶饱和溶液（水分活度为0.851，25℃） 在易于溶解的温度下，准确称取240g硝酸锶，加入热水200mL，冷却至形成固液两相的饱和溶液，贮于棕色试剂瓶中，常温下放置一周后使用。

（15）氯化钡饱和溶液（水分活度为0.902，25℃） 在易于溶解的温度下，准确称取100g氯化钡，加入热水200mL，冷却至形成固液两相的饱和溶液，贮于棕色试剂瓶中，常温下放置一周后使用。

（16）硝酸钾饱和溶液（水分活度为0.936，25℃） 在易于溶解的温度下，准确称取120g硝酸钾，加入热水200mL，冷却至形成固液两相的饱和溶液，贮于棕色试剂瓶中，常温下放置一周后使用。

（17）硫酸钾饱和溶液（水分活度为0.973，25℃） 在易于溶解的温度下，准确称取35g

硫酸钾，加入热水200mL，冷却至形成固液两相的饱和溶液，贮于棕色试剂瓶中，常温下放置一周后使用。

3. 实验材料

面包。

（四）操作步骤

1. 试样准备

称取面包200g。在室温18～25℃，相对湿度50%～80%的条件下，迅速切成约小于3mm×3mm×3mm的小块，不得使用组织捣碎机，混匀后置于密闭的玻璃容器内。

2. 试样预测定

（1）预处理　将盛有试样的密闭容器、康威氏皿及称量皿置于恒温培养箱内，于（25±1）℃条件下，恒温30min。取出后立即使用及测定。

（2）预测定　分别取12.0mL溴化锂饱和溶液、氯化镁饱和溶液、氯化钴饱和溶液、硫酸钾饱和溶液于4只康威氏皿的外室，用经恒温的称量皿，在预先干燥并称量的称量皿中（精确至0.0001g），迅速称取与标准饱和盐溶液相等份数的同一试样约1.5g（精确至0.0001g），放入盛有标准饱和盐溶液的康威氏皿的内室。沿康威氏皿上口平行移动盖好涂有凡士林的磨砂玻璃片，放入（25±1）℃的恒温培养箱内，恒温24h。取出盛有试样的称量皿，立即称量（精确至0.0001g）。

（3）预测定结果计算

食品中水分活度预测定结果按式（2－3）计算。

$$X = \frac{m_1 - m}{m - m_0} \tag{2-3}$$

式中　X——试样质量的增减量，g/g；

m_1——25℃扩散平衡后，试样和称量皿的质量，g；

m——25℃扩散平衡前，试样和称量皿的质量，g；

m_0——称量皿的质量，g。

（4）绘制二维直线图

以所选饱和盐溶液（25℃）的水分活度（A_w）数值为横坐标，对应标准饱和盐溶液的试样的质量增减数值为纵坐标，绘制二维直线图。取横坐标截距值，即为面包的水分活度预测值。

3. 试样测定

依据预测定结果，分别选用水分活度数值大于和小于试样预测结果数值的饱和盐溶液各3种，各取12.0mL，注入康威氏皿的外室。用经恒温的称量皿，在预先干燥并称量的称量皿中（精确至0.0001g），迅速称取与标准饱和盐溶液相等份数的同一试样约1.5g（精确至0.0001g），放入盛有标准饱和盐溶液的康威氏皿的内室。沿康威氏皿上口平行移动盖好涂有凡士林的磨砂玻璃片，放入（25±1）℃的恒温培养箱内，恒温24h。取出盛有试样的称量皿，立即称量（精确至0.0001g）。

（五）结果计算

取横轴截距值，即为面包试样的水分活度值。当符合精密度所规定的要求时，取三次平行测定的算术平均值作为结果。计算结果保留两位有效数字。

（六）注意事项

1. 称量要准确，避免实验误差。

2. 取样应在同一条件下进行，并迅速操作。

3. 根据样品性质确定标准溶液数量，保证经康威氏皿平衡后样品出现质量增减变化即可。

思考题

1. 简述水分活度测定的意义。
2. 简述康威氏皿测定水分活度的原理。

实验三　食品中粗灰分的测定

（一）实验目的

1. 掌握称重法测定灰分的基本操作技术及测定条件的选择。
2. 熟悉食品中灰分测定的意义和原理。

（二）实验原理

将样品炭化后置于500～600℃高温炉内灼烧，样品中的水分及挥发物质以气体放出，有机物质中的碳、氢、氮等元素与有机物质本身的氧及空气中的氧生成二氧化碳、氮氧化物及水分而散失，无机物以硫酸盐、磷酸盐、碳酸盐、氧化物等无机盐和金属氧化物的形式残留下来，这些残留物即为灰分，称重残留物的质量即可计算出样品中灰分的含量。

（三）器材与试剂

1. 实验仪器

（1）高温炉（马弗炉）。

（2）坩埚钳。

（3）瓷坩埚。

（4）分析天平。

（5）干燥器。

2. 实验试剂

盐酸（分析纯）。

3. 实验材料

饼干。

（四）操作步骤

1. 瓷坩埚的准备

将坩埚用体积分数为20%的盐酸煮1～2h，洗净晾干后，用铅笔在坩埚外壁及盖上写上编号。置于马弗炉中，在（550±25）℃下灼烧0.5h，冷至200℃以下后，取出。放入干燥器中冷却至室温，准确称量，并反复灼烧至恒重（两次称重之差不超过0.5mg）。

2. 样品的处理

将饼干粉碎均匀，准确称取5.00g，放入之前标好号码的瓷坩埚中，以小火加热使试样充分炭化至无烟。

3. 样品的灰化

炭化后的试样置马弗炉中，在（550±25）℃下灼烧4h。冷至200℃以下后取出，放入干燥器中冷却30min。在称量前如灼烧残渣有炭粒时，向试样中滴入少许水湿润，使结块松散，蒸出水分再次灼烧至无炭粒即灰化完全，冷至200℃以下，取出放入干燥器中冷却30min后，准确称量。反复灼烧至前后两次称量相差不超过0.5mg即为恒重。

（五）结果计算

1. 数据记录

实验所得数据记录在表2－2中。

表2－2　粗灰分测定数据记录表

空坩埚的质量/g	样品的质量/g	残灰加坩埚的质量/g

2. 计算

食品中粗灰分的测定按式（2－4）计算。

$$X = \frac{m_3 - m_1}{m_2 - m_1} \times 100 \quad (2-4)$$

式中　X——样品中总灰分的含量，g/100g；

m_1——空坩埚的质量，g；

m_2——样品和坩埚的质量，g；

m_3——残灰加坩埚的质量，g。

按公式计算样品中灰分含量，结果保留三位有效数字。

（六）注意事项

1. 样品炭化时要注意热源强度，防止产生大量泡沫溢出坩埚；只有炭化完全，即不冒烟后才能放入高温电炉中。灼烧空坩埚与灼烧样品的条件应尽量一致，以消除系统误差。

2. 把坩埚放入高温炉或从炉中取出时，要在炉口停留片刻，使坩埚预热或冷却，防止因温度剧变而使坩埚破裂。

3. 灼烧后的坩埚应冷却到200℃以下再移入干燥器中，否则因过热产生对流作用，易造成残灰飞散；且冷却速度慢，冷却后干燥器内形成较大真空，盖子不易打开。

4. 对于糖分、淀粉、蛋白质含量较高的样品，为防止其发泡溢出，炭化前可加数滴纯植物油。

5. 新坩埚在使用前须在体积分数为20%的盐酸溶液中煮沸1～2h，然后用自来水和蒸馏水分别冲洗干净并烘干。用过的旧坩埚经初步清洗后，可用废盐酸浸泡20min左右，再用水冲洗干净。

6. 反复灼烧至恒重是判断灰化是否完全最可靠的方法。因为有些样品即使灰化完全，残留不一定是白色或灰白色。例如铁含量高的食品，残灰呈褐色；锰、铜含量高的食品，残灰呈蓝绿色；而有时即使灰的表面呈白色或灰白色，但内部仍有碳粒存留。

7. 灼烧温度不能超过600℃，否则会造成钾、钠、氯等易挥发成分的损失。

思考题

1. 测定食品灰分的意义何在?
2. 为什么样品在高温灼烧前，要先炭化至无烟?
3. 样品经长时间灼烧后，灰分中仍有碳粒遗留的主要原因是什么?
4. 如何判断样品是否灰化完全?

实验四　食品中还原糖的测定

（一）实验目的

1. 掌握直接滴定法测定食品中还原糖的操作技术。
2. 熟悉直接滴定法测定食品中还原糖的原理。
3. 了解食品中还原糖的含量，并通过对实验结果的分析，了解影响测定准确性的因素。

（二）实验原理

将等量的碱性酒石酸铜甲液、乙液混合时，立即生成天蓝色的氢氧化铜沉淀，这种沉淀立即与酒石酸钾钠反应，生成深蓝色的可溶性酒石酸钾钠络合物。此络合物与还原糖共热时，二价铜即被还原糖还原为一价的氧化亚铜沉淀，氧化亚铜与亚铁氰化钾反应，生成可溶性化合物，达到终点时，稍微过量的还原糖将蓝色的次甲基蓝还原成无色，溶液呈淡黄色时为滴定终点。根据还原糖标准溶液标定碱性酒石酸铜溶液相当于还原糖的质量，以及测定样品液所消耗的体积，计算食品中还原糖含量。

（三）器材与试剂

1. 实验仪器

（1）容量瓶。

（2）三角瓶。

（3）酸式滴定管。

（4）烧杯。

（5）移液管。

（6）分析天平。

（7）恒温水浴锅。

2. 实验试剂及配制

（1）碱性酒石酸铜溶液 A 液　称取 15.0g 硫酸铜（$CuSO_4 \cdot 5H_2O$）及 0.05g 次甲基蓝，溶于蒸馏水中并稀释至 1000mL。

（2）碱性酒石酸铜溶液 B 液　称取 50.0g 酒石酸甲钠和 75.0g 氢氧化钠，溶于蒸馏水中，再加入 4.0g 亚铁氰化钾，完全溶解后用蒸馏水定容至 1000mL，贮存于橡胶塞玻璃瓶中。

（3）乙酸锌溶液　称取 21.9g 乙酸锌，加 3mL 冰醋酸，加水溶解并定容至 100mL。

（4）亚铁氰化钾溶液　称取 10.6g 亚铁氰化钾，加水溶解并定容至 100mL。

（5）葡萄糖标准溶液　准确称取 1.000g 至（96 ±2）℃干燥 2h 的分析纯葡萄糖，加水溶解后加入 5mL 盐酸，并用水定容至 1000mL。此溶液葡萄糖浓度为 1.0mg/mL。

3. 实验材料

糖果。

（四）操作步骤

1. 样品制备

称取粉碎后的糖果样品2.5～5.0g于100mL烧杯中，加入50.0mL水溶解，转移到250mL容量瓶中，并用少量水洗涤烧杯，洗液并入容量瓶中，缓慢加入乙酸锌溶液和亚铁氰化钾溶液各5.0mL，加水至刻度，混匀，静置30min，过滤，弃去初始滤液25mL，其余滤液备用。

2. 碱性酒石酸铜溶液的标定

于250mL三角瓶中吸取碱性酒石酸铜A液及B液各5.0mL，加10.0mL水和玻璃珠3粒，从滴定管滴加约9.0mL葡萄糖标准溶液并摇匀，置于电炉上加热至沸腾（要求控制在2min内沸腾），然后趁热以每2s滴加1滴的速度继续滴加葡萄糖标准溶液，直至溶液蓝色刚好褪去，显示淡黄色即为终点，记录消耗葡萄糖标准溶液的总体积。

同时平行操作3份，沸腾后滴入的葡萄糖标准溶液的体积应控制在0.5～1.0mL，滴定时间应控制在1min内。否则，应增加预加量并重新滴定。

按式（2-5）计算10.0mL碱性酒石酸铜溶液（A液、B液各5.0mL）相当于标准葡萄糖的质量（mg）。

$$F = C \times V \tag{2-5}$$

式中　F——10mL碱性酒石酸铜溶液（A液、B液各5.0mL）相当于标准葡萄糖的质量，mg；

V——标定时消耗标准葡萄糖溶液的体积，mL；

C——标准葡萄糖溶液的质量浓度，mg/mL。

3. 样品溶液的预滴定

吸取碱性酒石酸铜A液和B液各5.0mL于250mL三角瓶中，加10.0mL水和玻璃珠3粒并摇匀，在电炉上加热至沸，趁热以先快后慢的速度，从滴定管中滴加试样溶液，并保持溶液沸腾状态，待溶液颜色变浅时，以每2s滴加1滴的速度迅速滴定，直至溶液蓝色刚好褪去为终点，记录样品溶液消耗体积。当样品溶液中还原糖浓度过高时应适当稀释，再进行测定，使每次滴定消耗的体积控制在与标定碱性酒石酸铜溶液时所消耗的葡萄糖标准溶液的体积相近（约10mL），记录消耗样液的总体积，作为正式滴定参考用。

4. 样品溶液的正式滴定

吸取碱性酒石酸铜A液和B液各5.0mL于250mL三角瓶中，加10.0mL水和玻璃珠3粒，从滴定管加入比预滴定体积少1.0mL的样品溶液至三角瓶中并摇匀，同上法滴定至终点，记录样液消耗体积。同法平行操作3份。

（五）结果计算

食品中还原糖的测定按式（2-6）计算。

$$X = \frac{F \times 250}{m \times V \times 1000} \times 100 \tag{2-6}$$

式中　X——试样中还原糖的含量（以葡萄糖计），%；

F——10.0mL碱性酒石酸铜溶液（A液、B液各5.0mL）相当于标准葡萄糖的质量，mg；

m——试样质量，g；

V——正式滴定时平均消耗样品溶液的体积，mL。

（六） 注意事项

1. 实验中的加热温度、时间及滴定时间对测定结果有很大影响，在碱性酒石酸铜溶液标定和样品滴定时，应严格遵守实验条件，力求一致。

2. 加热温度应使溶液在2min内沸腾，若煮沸的时间过长会导致耗糖量增加。滴定过程中滴定装置不能离开热源，以免影响滴定终点的判断。

3. 滴定速度应尽量控制在每2s滴加1滴，滴定速度快，耗糖增多；滴定速度慢，耗糖减少。滴定时间应在1min内，滴定时间延长，耗糖量减少，因此预加糖液的量应使继续滴定时耗糖量在0.5～1.0mL。

4. 碱性酒石酸铜溶液A液、B液应分别存放，使用时以等体积混合。

5. 本法是与定量的酒石酸钾钠铜作用，铜离子是定量的基础，故样品处理时，不能用铜盐作蛋白质沉淀剂。

6. 为了提高测定的准确度，根据待测样品中所含还原糖的主要成分，要求用指定还原糖表示结果，就应用该还原糖标准溶液标定碱性酒石酸铜溶液。例如，本实验中用葡萄糖表示结果，就用葡萄糖标准溶液标定碱性酒石酸铜溶液。

7. 碱性酒石酸铜溶液B液中加入少量亚铁氰化钾的目的是使生成的红色氧化亚铜配位形成可溶性配合物，消除红色沉淀对滴定终点的干扰，使终点变色更明显。

8. 样品处理时加入5mL乙酸锌溶液和5mL亚铁氰化钾溶液的目的是作为蛋白质沉淀剂去除蛋白质的干扰。滴定用的样品溶液必须无色、澄清透明，否则会严重影响滴定终点的判断。

思考题

1. 在滴定时，为什么要保持沸腾？
2. 直接滴定法测定还原糖时，为什么要开展预试验？

实验五　食品中总糖的测定

（一） 实验目的

1. 掌握分光光度法测定肉制品中总糖的原理和方法。

2. 熟悉淀粉类肉制品中总糖的计算方法。

（二） 实验原理

试样中的糖经热水提取后，用硫酸脱水，生成糠醛或糠醛衍生物。生成物与芳香族酚类化合物缩合生成黄色物质，在470nm处有最大吸收，在一定范围内其吸光度值同糖的浓度成正比，以此测定糖的含量。

（三） 器材与试剂

1. 实验仪器

（1）绞肉机　孔径不超过4mm。

（2）分光光度计。

2. 实验试剂及配制

（1）苯酚溶液　称取5g苯酚溶于100mL水中，避光贮存。

（2）浓硫酸　密度约为1.84g/mL。

（3）葡萄糖标准溶液　准确称取1.000g经过（96±2）℃干燥2h的分析纯葡萄糖加水溶解后加入5mL盐酸，并以水定容至1000mL。此溶液每毫升相当于1.0mg葡萄糖。

（4）淀粉酶溶液　称取0.5g淀粉酶溶于100mL水中。

（5）碘-碘化钾溶液　称取碘化钾3.6g、碘1.3g溶于水中并稀释至100mL。

（四）操作步骤

1. 试样前处理

按GB/T 9695.19—2008《肉与肉制品　取样方法》取样，有代表性的试样不少于200g，用绞肉机绞两次并混匀。绞好的试样应尽快分析，若不立即分析，应密封冷藏贮存，防止变质和成分发生变化。贮存的试样在启用时应重新混匀。

称取试样约1g（精确至0.001g）于烧杯中，加入50mL水，在沸水浴上加热30min，冷却后用水定容到500mL。含淀粉的试样，加热后冷却到60℃左右，加入淀粉酶溶液10mL混匀，在55～60℃水浴中保温1h。用碘-碘化钾溶液检查酶解是否完全。若显蓝色，再加碘-碘化钾溶液10mL继续保温直到酶解完全。加热至沸，冷却后移入500mL容量瓶中用水定容至刻度。混匀后过滤，滤液备用。

2. 测定

（1）葡萄糖标准曲线的绘制　分别准确吸取葡萄糖标准溶液0，1，2，3，4，5mL分别置于50mL容量瓶中用水定容至刻度，摇匀。浓度分别为0，20，40，60，80，100μg/mL。准确吸取上述标准葡萄糖溶液1mL（相当于葡萄糖0，20，40，60，80，100μg），加入20mL比色管中，加入苯酚溶液1mL充分混合，加入浓硫酸5mL并立即摇匀。室温下放置20min，在470nm波长，以0管为参比，测定吸光度值，以葡萄糖含量为横坐标、吸光度值为纵坐标，绘制标准曲线。

（2）试样溶液的测定　准确吸取滤液1mL，加入20mL比色管中，按（1）中自“加入苯酚溶液…”起进行操作。

（五）结果计算

试样中总糖的含量（以葡萄糖计）按式（2-7）计算。

$$X = \frac{m_1 \times V_0 \times 10^{-6}}{m_0 \times V_1} \times 100 \qquad (2-7)$$

式中　X——试样中总糖的含量（以葡萄糖计），g/100g；

m_1——从标准曲线上查得葡萄糖含量，μg；

V_0——试样经前处理后定容的体积，mL；

m_0——试样质量，g；

V_1——测定时吸取滤液的体积，mL。

100——换算系数。

（六）注意事项

1. 当平行测定符合精密度所规定的要求时，取平行测定的算术平均值作为结果，精确到0.01%。

2. 在同一实验室由同一操作者在短暂的时间间隔内，用同一设备对同一试样获得的两次独立测定结果的绝对差值不得超过1%。

思考题

1. 此方法在操作中的关键步骤是什么？
2. 对于总糖的测定还有哪些常用的方法？

实验六 食品中蛋白质含量的测定

（一）实验目的

1. 学习凯氏定氮法测定蛋白质的原理。
2. 掌握凯氏定氮法的操作技术，包括样品的消化处理、蒸馏、滴定及蛋白质含量计算等。

（二）实验原理

食品中的蛋白质在催化加热条件下被分解，产生的氨与硫酸结合生成硫酸铵。碱化蒸馏使氨游离，用硼酸吸收后以硫酸或盐酸标准滴定溶液滴定，根据酸的消耗量计算氮含量，再乘以换算系数，即为蛋白质的含量。以甘氨酸为例，其反应式如下。

消化：

$$NH_2CH_2COOH + 3H_2SO_4 = 2CO_2\uparrow + 3SO_2\uparrow + 4H_2O + NH_3\uparrow$$

$$2NH_3 + H_2SO_4 = (NH_4)_2SO_4$$

蒸馏：

$$2NaOH + (NH_4)_2SO_4 = Na_2SO_4 + 2H_2O + 2NH_3\uparrow$$

$$2NH_3 + 4H_3BO_3 = (NH_4)_2B_4O_7 + 5H_2O$$

滴定：

$$(NH_4)_2B_4O_7 + 5H_2O + 2HCl = 2NH_4Cl + 4H_3BO_3$$

（三）器材与试剂

1. 实验仪器

微量定氮蒸馏装置：凯氏烧瓶，如图2-8所示。

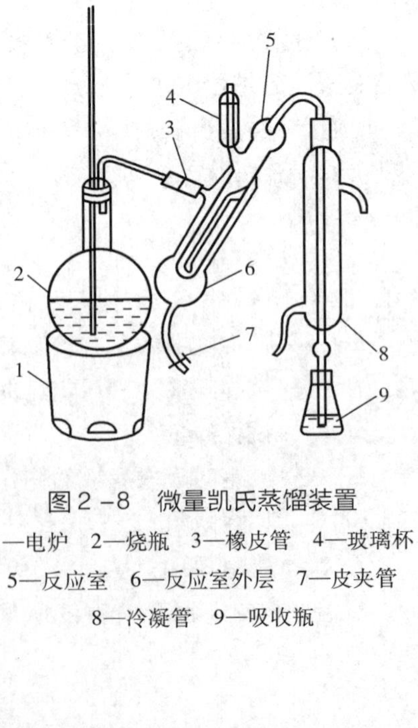

图2-8 微量凯氏蒸馏装置

1—电炉 2—烧瓶 3—橡皮管 4—玻璃杯 5—反应室 6—反应室外层 7—皮夹管 8—冷凝管 9—吸收瓶

2. 实验试剂

（1）硫酸铜（$CuSO_4 \cdot 5H_2O$）。

（2）硫酸钾。

（3）浓硫酸（密度为1.84g/mL）。

（4）硼酸溶液（20g/L）。

（5）氢氧化钠溶液（400g/L）。

（6）盐酸标准滴定溶液（0.01mol/L）。

（7）混合指示试剂（1g/L甲基红乙醇溶液∶1g/L溴甲酚绿乙醇溶液=1∶5）。

（四）操作步骤

1. 样品消化

称取固体样品0.200～2.000g（半固体2.000～5.000g，液体样品10～20mL），移入洁净干燥的500mL凯氏烧瓶中，加入0.500g硫酸铜、5.000g硫酸钾与10mL浓硫酸，稍摇匀后瓶口放一小漏斗，将瓶以45°角斜支于有小孔的石棉网上，使用电炉，在通风橱中（不能瓶口对人）小火慢慢加热消化，开始时用低温加热，待内容物全部炭化，泡沫停止后，再升高温度保持微沸，消化至液体呈蓝绿色澄清透明后，继续加热0.5h，取下放冷。

在消化开始时应控制火力，不要使液体冲到瓶颈。待瓶内水汽蒸完，硫酸开始分解并放出SO_2白烟后，适当加强火力，继续消化，直至消化液呈透明淡绿色为止。消化完毕，等烧瓶中溶物冷却后，加蒸馏水10mL（注意慢加，随加随摇）。冷却后将瓶中溶物倾入100mL的容量瓶中，并以蒸馏水洗烧瓶数次，将洗液并入容量瓶。用水稀释到刻度，混匀备用。

2. 蒸馏与吸收

（1）蒸馏器的洗涤　蒸汽发生器中盛有用几滴硫酸酸化的蒸馏水。关闭皮管夹，将蒸汽发生器中的水烧开，让蒸汽通过整个仪器。约15min后，在冷凝器下端放一个盛有5mL 20g/L硼酸溶液和1～2滴指示剂混合液的锥形瓶。位置倾斜，冷凝器下端应完全浸没在液体中，继续蒸汽洗涤1～2min，观察锥形瓶内的溶液是否变色，如不变色则证明蒸馏装置内部已洗涤干净。向下移动锥形瓶，使硼酸液面离开冷凝管口约1cm，继续通蒸汽1min。用水冲洗冷凝管口后用手捏紧橡皮管。此时由于反应室外层蒸汽冷缩，压力降低，反应室内凝结的水可自动吸出进入反应室外层。最后打开皮管夹，将废水排出。

（2）蒸馏　取50mL锥形瓶数个，各加5mL硼酸和1～2滴指示剂，溶液呈紫色，用表面皿覆盖并用吸管取10mL消化液，小心地由蒸馏器小玻璃杯注入反应室，塞紧棒状玻璃塞。将一个含有硼酸和指示剂的锥形瓶放在冷凝器下，使冷凝器下端浸没在液体内。用量筒取400g/L的氢氧化钠溶液10mL放入小玻璃杯，轻提棒状玻璃塞使之流入反应室（为了防止冷凝管倒吸，液体流入反应室必须缓慢）。尚未完全流入时，将玻璃塞盖紧，向玻璃杯中加入蒸馏水约5mL。再轻提玻璃塞，使一半蒸馏水慢慢流入反应室，一半留在玻璃杯中作水封。加热水蒸气发生器，沸腾后夹紧皮管夹，开始蒸馏。此时锥形瓶中的酸溶液由紫色变成绿色。自变色起计时，蒸馏10min。移动锥形瓶，使硼酸溶液离开冷凝管约1cm，并用少量蒸馏水洗涤冷凝管口外面，继续蒸馏1min，移开锥形瓶，用表面皿覆盖锥形瓶。

蒸馏完毕后，须将反应室洗涤干净。在小玻璃杯中倒入蒸馏水，待蒸汽很足、反应室外层温度很高时，一手轻提棒状玻璃塞使冷水流入反应室，同时立即用另一只手捏紧橡皮管，则反应室外层内蒸汽冷缩，可将反应室中残液自动吸出，再用蒸馏水自玻璃杯倒入反应室，重复上述操作。如此冲洗几次后，将皮管夹打开，将反应室外层中的废液排出。再继续下一个蒸馏操作。

待样品和空白消化液均蒸馏完毕后，同时进行滴定。

（3）滴定　全部蒸馏完毕后，用标准盐酸溶液滴定各锥形瓶中收集的溶液，硼酸指示剂溶液由绿变淡紫色为滴定终点。

3. 滴定记录

记录盐酸用量，并做空白试验，记录相应消耗的盐酸体积。

（五）结果计算

食品中蛋白质的含量按式（2-8）计算。

$$X = \frac{(V_1 - V_2) \times c \times 0.0140}{m \times V_3/100} \times F \times 100 \tag{2-8}$$

式中 X——试样中蛋白质的含量，g/100g；

V_1——试液消耗盐酸标准滴定液的体积，mL；

V_2——试剂空白消耗盐酸标准滴定液的体积，mL；

c——盐酸标准滴定溶液浓度，mol/L；

0.0140——1.0mL 盐酸［c（HCl）=1.000mol/L］标准滴定溶液相当的氮的质量，g；

m——试样的质量，g；

V_3——吸取消化液的体积，mL；

F——氮换算为蛋白质的系数，各种食品中氮转换系数见表2-3；

100——换算系数。

蛋白质含量≥1g/100g 时，结果保留三位有效数字；蛋白质含量＜1g/100g 时，结果保留两位有效数字。

注：当只检测氮含量时，不需要乘蛋白质换算系数 F。

（六）注意事项

1. 消化时，若样品含糖高或含脂较多时，注意控制加热温度，以免大量泡沫喷出凯氏烧瓶，造成样品损失。可加入少量辛醇或液体石蜡，或硅消泡剂减少泡沫产生。

2. 消化开始时，不能用强火，应该慢慢加热，防止暴沸或样品黏附于瓶壁而消解不完全。为此，消化时应注意旋转凯氏烧瓶，将附在瓶壁上的碳粒冲下，对样品彻底消化。

3. 若样品不易消化至澄清透明，可将凯氏烧瓶中溶液冷却，加入数滴过氧化氢后，再继续加热消化至完全。

4. 蒸馏装置不能漏气，蒸馏完毕后，应将冷凝管下端提离液面并清洗管口，继续蒸馏1min 后再停止加热，否则可能造成倒吸。

5. 硼酸吸收液的温度不应超过 40℃，否则氨吸收减弱，造成检测结果偏低。可把接收瓶置于冷水浴中。

6. 混合指示剂在碱性条件下呈绿色，中性条件下呈灰色，酸性溶液中呈现红色。

思考题

1. 蒸馏时为什么要加入氢氧化钠溶液？加入量对测定结果有何影响？
2. 实验操作过程中，影响测定准确性的因素有哪些？

表2-3　　常见食物中的氮折算成蛋白质的折算系数表

<table>
<tr><th colspan="2">食品类别</th><th>折算系数</th><th colspan="2">食品类别</th><th>折算系数</th></tr>
<tr><td rowspan="4">小麦</td><td>全小麦粉</td><td>5.83</td><td colspan="2">大米及米粉</td><td>5.95</td></tr>
<tr><td>麦糠麸皮</td><td>6.31</td><td rowspan="3">鸡蛋</td><td>鸡蛋（全）</td><td>6.25</td></tr>
<tr><td>麦胚芽</td><td>5.80</td><td rowspan="2">蛋黄</td><td rowspan="2">6.12</td></tr>
<tr><td>麦胚粉、黑麦、</td><td>5.70</td></tr>
<tr><td colspan="2">燕麦、大麦、黑麦粉</td><td>5.83</td><td></td><td>蛋白</td><td>6.32</td></tr>
<tr><td colspan="2">小米、裸麦</td><td>5.83</td><td colspan="2" rowspan="2">肉与肉制品</td><td rowspan="2">6.25</td></tr>
<tr><td colspan="2">玉米、黑小麦、饲料小麦、高粱</td><td>6.25</td></tr>
<tr><td rowspan="2">油料</td><td>芝麻、棉籽、葵花籽、蓖麻、红花籽</td><td>5.30</td><td colspan="2">动物明胶</td><td>5.55</td></tr>
<tr><td>其他油料</td><td>6.25</td><td colspan="2">纯乳与纯乳制品</td><td>6.38</td></tr>
<tr><td rowspan="7">坚果、种子类</td><td>菜籽</td><td>5.53</td><td colspan="2" rowspan="2">复合配方食品</td><td rowspan="2">6.25</td></tr>
<tr><td>巴西果</td><td>5.46</td></tr>
<tr><td>花生</td><td>5.46</td><td colspan="2">酪蛋白</td><td>6.40</td></tr>
<tr><td>杏仁</td><td>5.18</td><td colspan="2">胶原蛋白</td><td>5.79</td></tr>
<tr><td rowspan="3">核桃、榛子、椰果等</td><td rowspan="3">5.30</td><td rowspan="2">豆类</td><td>大豆及其粗加工制品</td><td>5.71</td></tr>
<tr><td>大豆蛋白制品</td><td>6.25</td></tr>
<tr><td colspan="2">其他食品</td><td>6.25</td></tr>
</table>

实验七　食品中粗脂肪含量的测定

（一）实验目的

1. 掌握索氏抽提法操作要点及影响因素。

2. 了解粗脂肪的测定原理和意义。

（二）实验原理

利用脂肪能溶于有机溶剂的性质，在索氏提取器中，将样品用无水乙醚或石油醚（沸程30~60℃）等有机溶剂反复萃取；提取完全后，蒸去溶剂，所得到的物质即为粗脂肪，其中含有脂肪、游离脂肪酸、磷脂/糖酯、固醇、蜡、芳香油、某些色素及有机酸等。

（三）器材与试剂

1. 实验仪器

（1）小型绞肉机。

（2）分析天平。

（3）索氏提取器。

（4）烘箱。

(5) 恒温水浴锅。

(6) 铁架台。

(7) 万用夹。

(8) 40 目筛。

(9) 干燥器。

(10) 大张滤纸。

(11) 白线。

(12) 脱脂棉。

(13) 烧杯 100mL。

(14) 乳胶管。

(15) 镊子 20cm。

(16) 大试管。

(17) 小直尺。

(18) 玻棒。

(19) 大培养皿。

(20) 记号笔。

2. 实验试剂

(1) 无水乙醚或石油醚（沸程 30～60℃）。

(2) 无水硫酸钠。

3. 实验样品

午餐肉。

（四） 操作步骤

(1) 抽提器准备　恒重（两次称重相差不超过 2mg）。

(2) 滤纸筒准备　裁取 20cm×10cm 的滤纸一块，卷成筒状，将一端 3～5cm 折入（视虹吸管的高度定），用手捏紧形成袋底，底部衬入一块脱脂棉，玻棒压紧，备用。

(3) 样品准备　取干燥培养皿，称量记录；将午餐肉用绞肉机绞两次，准确称取均匀样品 80～150g（精确至 0.01mg），置于培养皿中；放入烘箱，50～80℃下去除多余水分（一般烘干 1.5～4h，烘时避免过热）。取出放入干燥器中，冷却至室温，称量记录；样品备用。

(4) 样品称量　滤纸筒放入 100mL 烧杯中，精确称取样品 2～4g，称量记录；加入无水硫酸钠 8～10g，玻棒搅拌均匀，脱脂棉擦净玻棒后也放入滤纸筒；滤纸筒用脱脂棉覆盖、塞严（棉线捆绑）。

(5) 脂肪抽提　连接已干燥至恒重的脂肪烧瓶；从抽提器提取管上端加入无水乙醚，添加量达脂肪烧瓶容积的 1/3～1/2（发生 2 次虹吸的量，不能漏气）；将滤纸筒放入索氏提取器的提取管内；接通冷却水，水浴加热（水浴温度 40～80℃，可设定 45℃），用一小团脱脂棉轻轻塞入冷凝管上口，乙醚回流提取（每分钟滴下 80 滴左右，一般抽提 4～12h）。

(6) 点滴检查　提取是否完全，可取抽提筒内溶剂用滤纸试验至无留下油迹为标准。提取完全后，用镊子取出滤纸筒；虹吸发生之前，提取管倾斜，回收乙醚（虹吸倒入试剂瓶）。

(7) 回收试剂　虹吸发生前，从无虹吸管一侧，将试剂倒回试剂瓶。

(8) 脂肪称量　取出滤纸包，待烧瓶内仅剩下 1～2mL 时（不再滴下液滴），洗净外壁，于烘箱中 95～105°C 干燥 2h 后，干燥器中冷却至室温，称量记录。继续干燥 30min 后冷却称量，重复以上操作至恒重（前后两次称量差不超过 2mg），称量记录。

（五）结果计算

1. 数据记录

实验所得数据记录在表 2－4 中。

表 2－4　粗脂肪测定数据记录表

样品的质量 W/g	脂肪烧瓶恒重的质量 W_0/g				脂肪烧瓶和脂肪恒重的质量 W_1/g			
	1	2	3	恒重值	1	2	3	恒重值

2. 结果计算

食品中粗脂肪的含量按式（2－9）计算。

$$X = \frac{W_1 - W_0}{W} \times 100 \qquad (2-9)$$

式中　X——试样中脂肪的含量，g/100g；

W_1——脂肪烧瓶和脂肪质量，g；

W_0——脂肪烧瓶质量，g；

W——样品质量，g；

100——换算系数。

（六）注意事项

1. 索氏提取器需提前清洗、干燥；烧瓶烘干至恒重；提取烧瓶稍往烘箱里边放，以防掉出。

2. 小型绞肉机、大培养皿清洗、干燥。

3. 样品准备

（1）固体样品　称取适量样品（足够分析），谷物或干燥制品用粉碎机粉碎，过 40 目筛；肉切条片，用绞肉机绞两次；水果、蔬菜一般用组织捣碎机捣碎。

（2）液体或半固体　称取适量样品，置于蒸发皿中，1:2 加入石英砂或海砂，搅匀后于沸水浴上蒸干。

4. 将样品置于烘箱中 50～80℃下除去水分，一般烘干 1.5～4h，烘干时要避免过热。午餐肉不易干燥，建议提前一天干燥。取出放入干燥器中，冷却至室温；称量后，研细（粉碎）置于干燥器内备用。

5. 必须十分注意乙醚的安全使用，抽提室内严禁有明火存在，保持抽提室内良好通风；挥发乙醚或石油醚时，切忌用明火加热，可使用电热套、水浴锅、电灯泡等。

思考题

1. 简述索氏抽提器的提取原理。
2. 测定过程中为什么需要对样品、抽提器、抽提用有机溶剂进行干燥或脱水处理？
3. 在实验过程中安全使用乙醚应注意哪些问题？

实验八　食品中维生素C含量的测定

（一）实验目的

1. 掌握2，6-二氯靛酚滴定法测定食品中维生素C含量的操作方法。

2. 了解2，6-二氯靛酚滴定法测定维生素C的原理。

（二）实验原理

用蓝色的碱性染料2，6-二氯靛酚标准溶液对含维生素C的试样酸性浸出液进行氧化还原滴定，2，6-二氯靛酚被还原为无色，当达到滴定终点时，多余的2，6-二氯靛酚在酸性介质中显浅红色，由2，6-二氯靛酚的消耗量计算样品中维生素C含量。

（三）器材与试剂

1. 实验仪器

（1）电子天平。

（2）容量瓶。

（3）锥形瓶。

（4）微量滴定管。

（5）吸耳球。

2. 实验试剂

（1）偏磷酸溶液（20g/L）　称取20g偏磷酸，用水溶解并定容至1L。

（2）草酸溶液（20g/L）　称取20g草酸，用水溶解并定容至1L。

（3）2，6-二氯靛酚溶液　称取碳酸氢钠52mg，溶解在200mL热蒸馏水中，然后称取2，6-二氯靛酚50mg溶解在上述碳酸氢钠溶液中，冷却并用水定容至250mL，过滤至棕色瓶内，于4~8℃环境中保存，每次使用前用标准维生素C溶液标定其滴定度。

（4）维生素C标准储备液　准确称取20mg维生素C溶于20g/L草酸溶液中，移入100mL容量瓶中，用20g/L草酸溶液定容，混匀，冰箱中保存。

（5）维生素C标准使用液（0.02648mg/mL）　吸取维生素C储备液5mL，用20g/L草酸溶液稀释至50mL。

3. 实验材料

橘子。

4. 标定

准确吸取上述维生素C标准使用液1mL于50mL锥形瓶中，加入10mL偏磷酸或者草酸溶液，用2，6-二氯靛酚溶液滴定至粉红色，保持15s不褪色为止，同时另外取10mL偏磷酸溶液或草酸溶液做空白实验，2，6-二氯靛酚溶液滴定度按照式（2-10）计算。

$$T = \frac{\rho \times V}{V_1 - V_2} \tag{2-10}$$

式中　T——2，6-二氯靛酚滴定度，mg/mL；

ρ——维生素C的质量浓度，mg/mL；

V——吸取维生素C标准溶液体积，mL；

V_1——滴定时消耗2，6-二氯靛酚溶液的体积，mL；

V_2——滴定空白所消耗2，6-二氯靛酚溶液的体积，mL。

（四）操作步骤

（1）实验准备　用水洗干净整个新鲜水果，用纱布或吸水纸吸干表面水分。称取100g，放入100g偏磷酸溶液或草酸溶液，迅速匀浆。准确称取10～40g匀浆样品于烧瓶中，用偏磷酸溶液或草酸溶液将样品转移至100mL容量瓶中，并稀释至刻度，充分振荡5min，滤纸过滤，活性炭吸附生物样品中的色素，有利于终点的观察。

（2）滴定　称取10mL滤液于100mL锥形瓶中，用标定过的2，6－二氯靛酚溶液滴定直至溶液成粉红色，保持15s不褪色为止，同时做空白实验。

（五）结果计算

维生素C的含量按式（2－11）计算。

$$X = \frac{(V_3 - V_4) \times T \times A \times 100}{m} \tag{2-11}$$

式中　X——试样中维生素C含量，mg/100g；

V_3——样品用2，6－二氯靛酚溶液的滴定体积，mL；

V_4——空白用2，6－二氯靛酚溶液的滴定体积，mL；

T——2，6－二氯靛酚溶液滴定度，mg/mL；

A——稀释倍数；

m——试样质量，g；

100——换算系数。

思考题

1. 测定食品中维生素C的方法还有哪些？
2. 样品采集后为什么用20g/L草酸浸泡研磨而非10g/L草酸浸泡研磨？

实验九　食品中胡萝卜素含量的测定

（一）实验目的

1. 掌握食品中胡萝卜素含量的测定方法（纸层析法）。
2. 熟悉纸层析法的操作步骤。
3. 了解纸层析法的原理和方法。

（二）实验原理

以丙酮和石油醚提取食物中的胡萝卜素及其他植物色素，以石油醚为展开剂进行纸层析，胡萝卜素极性最小，移动速度最快，从而与其他色素分离，剪下含胡萝卜素的区带，洗脱后于450nm波长下定量测定。

（三）器材与试剂

1. 实验仪器

（1）玻璃层析缸。

（2）分光光度计。

（3）旋转蒸发器　具150mL球形瓶。

（4）恒温水浴锅。

（5）皂化回流装置。

（6）点样器或微量注射器。

（7）滤纸。

（8）其他实验室常用设备。

2. 实验试剂及配制

（1）石油醚（沸程30～60℃）　同时是展开剂。

（2）丙酮。

（3）丙酮－石油醚混合液　3∶7（V/V）。

（4）无水硫酸钠　分析纯。

（5）50g/L硫酸钠溶液。

（6）1g/mL氢氧化钾溶液　称取50g氢氧化钾溶于50mL水。

（7）无水乙醇　需进行脱醛处理。

①检验乙醇是否含醛

a. 银氨液。加浓氨水于50g/L硝酸银液中，直至氢氧化银沉淀溶解，加入2.5mol/L氢氧化钠溶液数滴，如发生沉淀，再加浓氨水使之溶解。

b. 银镜反应。加2mL银氨液于试管内，加入几滴乙醇摇匀，加入少许2.5mol/L氢氧化钠溶液加热。如乙醇中无醛，则没有银沉淀，否则有银镜反应。

②脱醛方法：取2g硝酸银溶于少量水中，取4g氢氧化钠溶于温乙醇中，将两者倾入1L乙醇中，摇匀，静置1～2d，将上层清液倾入蒸馏瓶中，蒸馏，弃去初蒸的50mL。（注：蒸馏速度控制在1滴/s。）

（8）β－胡萝卜素标准储备液　称取5mg β－胡萝卜素标准品，溶于10mL三氯甲烷中，浓度约为500μg/mL。

①标定：取标准溶液10.0μL，加正己烷3.00mL，混匀。用1cm厚比色杯，以正己烷为空白，在450nm波长下测定吸光值，平行测定三份，取平均值。

②结果计算：胡萝卜素标准溶液浓度按式（2－12）计算。

$$X_1 = \frac{A}{E} \times \frac{1}{1000} \times \frac{3.01}{0.01} \qquad (2-12)$$

式中　X_1——胡萝卜素标准溶液浓度，mg/mL；

A——吸光值；

E——β－胡萝卜素在正己烷溶液中，入射光波长450nm，比色杯厚度1cm，溶液浓度为1mg/L的吸光系数，为0.2638；

$\frac{1}{1000}$——将mg/L换算成mg/mL；

$\frac{3.01}{0.01}$——测定过程中稀释倍数的换算。

（注：配制标准溶液时，应注意标准品的结构是胡萝卜素还是胡萝卜素酯。通常标准品不能完全溶解于有机溶剂中，尤其是胡萝卜素酯，所以必要时应先将标准品进行皂化，再用有机溶剂提取，用蒸馏水洗涤至中性后，浓缩定容。再进行标定。由于胡萝卜素很容易分解破坏，

所以每次使用前标准品均需标定，且测定样品时需带标准品同步操作。）

（9）β－胡萝卜素标准工作液 将已标定的标准液用石油醚准确稀释成50μg/mL，避光保存于冰箱中。

（四）操作步骤

1. 样品的采集和处理

（1）粮食 样品用水洗三次，置60℃烤箱中烤干，磨粉，贮于塑料瓶中，放一小包樟脑精，盖紧瓶塞保存，备用。

（2）蔬菜与其他植物性食物 取可食部用水冲洗三次后，用纱布吸去水滴，切碎，用匀浆器制成匀浆，贮于塑料瓶中，冰箱内保存备用。

2. 测定步骤（以下步骤需在避光条件下进行）

（1）样品提取 取适量样品，相当于原样1～5g（含胡萝卜素20～80μg）匀浆，粮食样品视其胡萝卜素含量而定，置100mL带塞锥形瓶中，加入丙酮20mL，石油醚5mL，振摇1min，静置5min，将提取液转入盛有100mL 50g/L硫酸钠溶液的分液漏斗中，再于锥形瓶中加入10mL丙酮－石油醚混合液，振摇1min，静置5min，将提取液并入分液漏斗中。如此提取2～3次，直至提取液无色为止。

植物油和高脂肪样品需先皂化，取适量样品（＜10g），加脱醛乙醇30mL，再加10mL 1g/mL氢氧化钾溶液，回流加热30min，然后用冰水使之迅速冷却，皂化后样品用石油醚提取，直至提取液无色为止。

（注：原国标方法中，不是所有的样品均进行皂化处理。但是许多植物性样品由于细胞壁较厚，在匀浆或研磨过程中不易完全破坏，使胡萝卜素无法完全释放。并且尽管植物性样品中脂肪含量较少，但仍含有一定脂质成分，如果不进行皂化，会出现提取不完全和提取时出现乳化现象；浓缩时残留脂质，使定容体积不准确；纸层析展开不完全，造成测定结果偏移。所以建议除酒类、饮料外所有样品均进行皂化处理。）

（2）洗涤 将提取液静置分层，弃去下层水溶液，反复用50g/L硫酸钠溶液振摇洗涤，每次约15mL，直至下层水溶液清亮为止。

将皂化后样品提取液用水洗涤至中性。

将提取液通过盛有10g无水硫酸钠的小漏斗，漏入球形瓶，用少量石油醚分数次洗净分液漏斗和无水硫酸钠层内的色素，洗涤液并入球形瓶内。

（注：经过无水硫酸钠辅助过滤，提取液中应不含水分。）

（3）浓缩与定容 将上述球形瓶内的提取液于旋转蒸发器上减压蒸发，水浴温度为60℃，蒸发至约1mL时，取下球形瓶，用氮气吹干，立即加入2.00mL石油醚定容，备层析用。

（4）纸层析

①点样：在18cm×30cm滤纸下端距底边4cm处做一基线，在基线上取A、B、C、D四点，吸取0.100～0.400mL浓缩液在AB和CD间迅速点样。

（注：保持滤纸干燥，点样应该快速细致，在基线上形成细窄直线。）

②展开：待纸上所点样液自然挥发干后，将滤纸卷成圆筒状，置于预先用石油醚饱和的层析缸中，进行上行展开。

（注：层析缸应事先用石油醚饱和，并且防止水分进入。）

③洗脱：待胡萝卜素与其他色素完全分开后，取出滤纸，自然挥发干石油醚，将位于展开

剂前沿的胡萝卜素层析带剪下，立即放入盛有5mL石油醚的具塞试管中，用力振摇，使胡萝卜素完全溶入试剂中。

（5）比色测定 用1cm比色杯，以石油醚调零点，于450nm波长下，测吸光度值，以其值从标准曲线上查出β-胡萝卜素的含量，供计算时使用。

（6）标准工作曲线绘制 取β-胡萝卜素标准使用液（浓度为50μg/mL）1.00，2.00，3.00，4.00，6.00，8.00mL，分别置于100mL具塞锥形瓶中，按样品测定步骤进行提取、洗涤、纸层析等操作，点样体积为0.100mL，标准曲线各点胡萝卜素含量依次为2.50，5.00，7.50，10.00，15.00，20.00μg。为测定低含量样品，可在0~2.50μg加做几点，以胡萝卜素含量为横坐标，以吸光度为纵坐标绘制标准曲线。

（五）结果计算

样品中胡萝卜素含量按式（2-13）计算。

$$X_2 = m_1 \times \frac{V_2}{V_1} \times \frac{100}{m} \times \frac{1}{1000} \tag{2-13}$$

式中 X_2——样品中胡萝卜素的含量，以β-胡萝卜素计，mg/100g；

m_1——在标准曲线上所查得的胡萝卜素含量，μg；

V_1——点样体积，mL；

V_2——样品石油醚提取液浓缩后的定容体积，mL；

m——样品质量，g。

1000——换算系数。

（六）注意事项

1. β-胡萝卜素遇光和氧都会迅速破坏，所以样品应避光保存，所有标准β-胡萝卜素必须临时配制。

2. 同一实验室平行测定或重复测定结果的相对偏差绝对值≤10%。

3. 本方法适用于植物性食物和含有植物性食物的混合食物中胡萝卜素的测定，其最小检出限为0.11μg。

思考题

1. 纸层析法工作流程是什么？
2. 纸层析法测定β-胡萝卜素时，对待测样品进行哪些预处理？

实验十 电位滴定法测定食品中氨基酸总量

（一）实验目的

1. 掌握电位滴定法测定食品中氨基酸总量的基本原理。
2. 学习电位滴定法测定食品中氨基酸总量的操作方法。

（二）实验原理

利用氨基酸两性电解质作用，加入甲醛以固定氨基酸的碱性，使羧基显示出酸性，利用氢氧化钠标准溶液滴定，以酸度计控制滴定终点。

（三）器材与试剂

1. 实验仪器

酸度计、磁力搅拌器、10mL 微量滴定管、碱式滴定管。

2. 实验试剂

中性甲醛、0.05mol/L 氢氧化钠溶液、邻苯二甲酸氢钾。

3. 实验材料

普通酱油。

（四）操作步骤

1. 样品处理

取样品 5mL，加水定容至 100mL。固体样品先进行粉碎，提取后再进行检测。

2. NaOH 标准溶液的配制及标定

称取氢氧化钠 0.2g 置于烧杯中，用量筒取 100mL 蒸馏水加入烧杯中，充分搅拌使其溶解混匀；精确称取标准物质邻苯二甲酸氢钾 0.941g 倒入烧杯，并加蒸馏水 80mL。利用磁力搅拌器搅拌均匀，待搅拌稳定后把酸度计的复合电极小心放入烧杯，用氢氧化钠标准溶液滴定至酸度计指示 pH 为 8.2，记下消耗氢氧化钠标准溶液的体积。同时做空白实验。

氢氧化钠标准滴定溶液的浓度按式（2-14）计算。

$$c = \frac{m \times 1000}{(V_1 - V_2) \times M} \tag{2-14}$$

式中　c——氢氧化钠标准滴定溶液的实际浓度，mol/L；

m——基准邻苯二甲酸氢钾的质量，g；

V_1——氢氧化钠标准溶液的用量体积，mL；

V_2——空白实验中氢氧化钠标准溶液的用量体积，mL；

M——基准邻苯二甲酸氢钾的摩尔质量，204.2g/mol。

3. 样品测定

于 200mL 烧杯中吸取 20mL 试样，加 60mL 蒸馏水，利用磁力搅拌器搅拌，待搅拌稳定后把酸度计的复合电极小心放入烧杯，用氢氧化钠标准溶液滴定至酸度计指示 pH 为 8.2，记下消耗氢氧化钠标准溶液的体积；准确加入 10mL 甲醛溶液，混匀，再用氢氧化钠标准溶液继续滴定至 pH 为 9.2，记录消耗氢氧化钠标准溶液的体积；同时量取 80mL 水，先用 0.05mol/L 氢氧化钠溶液调节 pH 为 8.2，再加入 10.0mL 甲醛溶液，用氢氧化钠标准滴定溶液滴定至 pH 为 9.2，作为试剂空白对照。

（五）结果计算

样品中氨基酸态氮含量按式（2-15）计算。

$$X = \frac{(V_1 - V_2) \times c \times 0.014}{5 \times \frac{20}{100}} \times 100 \tag{2-15}$$

式中　X——每 100mL 样品中氨基酸态氮的含量，g；

V_1——测定样品在加入甲醛后滴定至终点（pH 9.2）所消耗氢氧化钠标准溶液的体积，mL；

V_2——空白实验加入甲醛后滴定至终点所消耗氢氧化钠标准溶液的体积，mL；

c——氢氧化钠标准溶液浓度，mol/L；

0.014——氮的毫摩尔质量，g/mmol。

（六）注意事项

检测结果的准确性与所使用的酸度计准确性密切相关，检测用酸度计的精确度要求为pH ±0.01。检测前后应检查复合电极的可靠性，用电极标准缓冲溶液对酸度计进行校正，使用完毕需用蒸馏水冲洗电极并浸泡在饱和 KCl 溶液保存。

思考题

简述检测时加入甲醛的目的。

实验十一　纤维素测定仪测定粗纤维的含量

（一）实验目的

1. 学习粗纤维测定的原理。
2. 掌握纤维素测定仪的使用方法。

（二）实验原理

目前，纤维素分析方法主要有质量法、化学法和仪器法等。前两种方法过程复杂，分析结果不稳定，重复性较差，而仪器法操作简单、快速，重复性较好。仪器法是采用化学和物理相结合的方式进行粗纤维素、中性纤维素、酸性洗涤纤维素和酸性洗涤木质素等成分测定的成套仪器。粗纤维测定仪采用酸碱消煮法原理，样品在特定条件下消煮，再用乙醇除去可溶性物质，经高温灼烧后扣除矿物质所得。

（三）器材与试剂

1. 实验仪器

（1）纤维素测定仪。

（2）马弗炉。

2. 实验试剂

（1）1.25% 硫酸。

（2）12.5g/L 氢氧化钾溶液。

3. 实验材料

含粗纤维食品。

（四）操作步骤

1. 先拿下仪器顶部三个烧瓶，然后将连接橡胶管的三个阀门关闭（开关与阀门保持垂直状态为关闭），然后分别加入已配制好的酸、碱和蒸馏水（应不少于 2000mL），将瓶盖盖上，放到仪器顶部的加热盘上。

2. 先将坩埚套上密封圈，然后在坩埚内放入 1 ~ 2g（精确到 0.0002g）试样。再拉起提升手柄，此时仪器安放抽滤杯座架会自动下降，然后将坩埚分别放入6个抽滤座中。再按下提升手柄，这时抽滤杯、坩埚和消煮管会相互卡紧（注意按下提升手柄时，确保抽滤底杯，坩埚和消煮管相互对正，以免损坏玻璃），然后用手将3件玻璃相互拧紧，从而确保操作时液体不会渗出。

3. 仪器左侧的进水口接管连接自来水，然后打开自来水开关，注意水量适中。先打开电源开关，然后开启酸、碱、蒸馏水预热开关，调节预热电压旋钮，将其调到顺时针最大，这时电压表显示电压为220V左右。

4. 酸、碱、蒸馏水沸腾时，将预热电压调小至酸、碱、蒸馏水微沸。

5. 待上面的液体微沸后，把下方8个红球开关全部调整为水平关闭状态，然后将酸瓶橡胶管上阀门出口插入消煮管中，慢慢打开阀门，将200mL酸液分别加入到消煮管中（从左到右依次为1、2、3、4、5、6号消煮管，酸液约到消煮管中间隔板下水平位置），关闭阀门，再在每个消煮管内加2滴正辛醇。关闭酸预热开关。将挡热板紧靠在加热盒前面，将消煮管调压旋钮调至最大，此时对应电压表显示约220V，待消煮管内酸液再次微沸后再将电压调至150～170V，使酸液保持微沸，打开定时器开关，设置时间为30min（一般在出厂时已调好）。30min消煮时间到，则蜂鸣器鸣叫。

6. 将消煮加热开关关闭，取下挡热板，将消煮调压选钮逆时针旋到底，先打开1～6玻璃管对应的阀门（一个个单独打开抽滤），再打开抽滤阀门，最后打开抽滤泵控制开关将酸液抽掉。抽完后，先关闭抽滤泵控制开关，再关闭玻璃管对应阀门，最后关闭抽滤阀门。

（注：在抽滤过程中若发现坩埚堵塞时，可关闭抽滤泵开关，然后先开启反冲阀门开关，再打开反冲泵开关用气流反冲，直至出现气泡后关闭反冲泵开关，关闭反冲阀门开关，然后打开抽滤泵开关继续抽滤。洗涤完毕后关闭所有阀门开关及泵开关。）

7. 将6根消煮管中的全部酸液抽滤完后，再把蒸馏水瓶橡胶管上阀门出口插入相应消煮管中，打开橡胶管上阀门，消煮管中加入蒸馏水200mL后再抽干，连续2～3次，直至用试纸测试抽滤出来的液体显中性后关闭加蒸馏水开关。用蒸馏水将6根消煮管分别抽滤并用试纸检测完成。

8. 把碱瓶橡胶管上阀门出口插入相应消煮管中，打开橡胶管上阀门，分别在消煮管中加入微沸的碱溶液200mL后关闭阀门，再在每个消煮管中加入2滴正辛醇后，然后按照第5条后半部分和第6、7条的操作，进行碱消煮、抽滤和蒸馏水洗涤。

9. 以上工作完成后，用吸管分别在消煮管上口加入25mL左右95%乙醇，浸泡十几分钟后抽干。

10. 小心拉起提升手柄，此时抽滤杯和坩埚会一起下降（有时候消煮管和坩埚会吸住），然后手压住抽滤底座，使坩埚与抽滤底座旋松上升，取出坩埚。或者消煮管和坩埚吸住时，将消煮管与坩埚相反方向转动，使坩埚往下取下拿出。

11. 最后把坩埚上的密封圈取下，把坩埚移入恒温箱，在（130±2）℃下烘干2h，取出后在干燥器中冷却至室温，称重后得到m_1。将称重后的坩埚再放入（500±25）℃的马弗炉内灼烧1h，取出后置于干燥器中冷却至室温后得到m_2。

（五）结果计算

测定结果按式（2-16）计算。

$$粗纤维含量(\%) = \frac{m_1 - m_2}{m} \tag{2-16}$$

式中 m_1——消煮后干燥称重量，g；

m_2——灰化后干燥称重量，g；

m——样品总质量，g。

（六）注意事项

严格控制实验条件，按照仪器说明书操作。

思考题

本实验测定的结果为什么称为“粗纤维”？

第三节　食品中矿物元素的分析检测

实验一　食品中铁的测定

（一）实验目的

1. 掌握火焰原子吸收光谱法测定食品中铁的原理及方法。
2. 掌握原子吸收光谱仪工作的原理并熟练使用。

（二）实验原理

试样消解后，经原子吸收火焰原子化，在248.3nm处测定吸光度值。在一定浓度范围内铁的吸光度值与铁含量成正比，与标准系列比较定量。

（三）器材与试剂

1. 实验仪器

（1）原子吸收光谱仪　配火焰原子化器，铁空心阴极灯。

（2）分析天平　感量0.1mg和1mg。

（3）微波消解仪　配聚四氟乙烯消解内罐。

（4）可调式电热炉。

（5）可调式电热板。

（6）压力消解罐　配聚四氟乙烯消解内罐。

（7）恒温干燥箱。

（8）马弗炉。

2. 实验试剂

（1）硝酸。

（2）高氯酸。

（3）硫酸。

（4）硫酸铁铵［$NH_4Fe(SO_4)_2 \cdot 12H_2O$，标准品，纯度>99.9%］。

3. 溶液配制

（1）硝酸溶液（5%）　量取50mL硝酸，倒入950mL水中，混匀。

（2）硝酸溶液（50%）　量取250mL硝酸，倒入250mL水中，混匀。

（3）硫酸溶液（25%）　量取50mL硫酸，缓慢倒入150mL水中，混匀。

（4）铁标准储备液（1000mg/L）　准确称取0.8631g（精确至0.0001g）硫酸铁铵，加水溶解，加1mL 25%硫酸溶液，移入100mL容量瓶，加水定容至刻度，混匀。

（5）铁标准中间液（100mg/L）　准确吸取铁标准储备液（1000mg/L）10mL于100mL容量瓶中，加50%硝酸溶液定容至刻度，混匀。

（6）铁标准系列溶液　分别准确吸取铁标准中间液（100 mg/L）0，0.5，1.0，2.0，4.0，6.0mL于100mL容量瓶中，加硝酸溶液（5+95）定容至刻度，混匀。此铁标准系列溶液中铁的质量浓度分别为0，0.50，1.00，2.00，4.00，6.00mg/L。

（四）操作步骤

1. 试样制备

（1）粮食、豆类样品　样品去除杂物后，粉碎，贮于塑料瓶中。

（2）蔬菜、水果、鱼类、肉类等样品　样品用水洗净，晾干，取可食部分，制成匀浆，贮于塑料瓶中。

（3）饮料、酒、醋、酱油、食用植物油、液态乳等液体样品　将样品摇匀。

2. 试样处理

（1）湿法消解　准确称取固体试样0.5~3g（精确至0.001g）或准确移取液体试样1.0~5.0mL于带刻度消化管中，加入10mL硝酸和0.5mL高氯酸，在可调式电热炉上消解［参考条件：120℃/（0.5~1h）、升至180℃/（2~4h）、升至200~220℃］。若消化液呈棕褐色，再加硝酸，消解至冒白烟，消化液呈无色透明或略带黄色，取出消化管，冷却后将消化液转移至25mL容量瓶中，用少量水洗涤2~3次，合并洗涤液于容量瓶中并用水定容至刻度，混匀备用。同时做试样空白试验。也可采用锥形瓶，于可调式电热板上，按上述操作方法进行湿法消解。

（2）微波消解　准确称取固体试样0.2~0.8g（精确至0.001g）或准确移取液体试样1.0~3.0mL于微波消解罐中，加入5mL硝酸，按照微波消解的操作步骤消解试样，消解条件参考表2-5。冷却后取出消解罐，在电热板上于140~160℃赶酸至1.0mL左右。冷却后将消化液转移至25mL容量瓶中，用少量水洗涤内罐和内盖2~3次，合并洗涤液于容量瓶中并用水定容至刻度，混匀备用。同时做试样空白。

表2-5　食品中铁含量测定微波消解升温程序

步骤	设定温度/℃	升温时间/min	恒温时间/min
1	120	5	5
2	160	5	10
3	180	5	10

（3）压力罐消解　准确称取固体试样0.3~2g（精确至0.001g）或准确移取液体试样2.0~

5.0mL 于消解内罐中，加入 5mL 硝酸。盖好内盖，旋紧不锈钢外套，放入恒温干燥箱，于 140～160℃下保持 4～5h。冷却后缓慢旋松外罐，取出消解内罐，放在可调式电热板上于140～160℃赶酸至 1.0mL 左右。冷却后将消化液转移至 25mL 容量瓶中，用少量水洗涤内罐和内盖 2～3 次，合并洗涤液于容量瓶中并用水定容至刻度，混匀备用。同时做试样空白试验。

（4）干法消解　准确称取固体试样 0.5～3g（精确至 0.001g）或准确移取液体试样 2.0～5.0mL 于坩埚中，小火加热，炭化至无烟，转移至马弗炉中，于 550℃灰化 3～4h。冷却，取出，对于灰化不彻底的试样，加数滴硝酸，小火加热并蒸干，再转入 550℃马弗炉中，继续灰化 1～2h，至试样呈白灰状，冷却，取出，用适量硝酸溶液（1+1）溶解，转移至 25mL 容量瓶中，用少量水洗涤内罐和内盖 2～3 次，合并洗涤液于容量瓶中并用水定容至刻度。同时做试样空白试验。

3. 测定

仪器测定条件设置见表 2－6。

表 2－6　　食品中铁含量测定仪器测定条件参数

元素	波长/nm	狭缝/nm	灯电流/mA	燃烧头高度/mm	空气流量/(L/min)	乙炔流量/(L/min)
铁	248.3	0.2	5～15	3	9	2

（1）标准曲线的制作　将标准系列工作液按质量浓度由低到高的顺序分别导入火焰原子化器，测定其吸光度值。以铁标准系列溶液中铁的质量浓度为横坐标，以相应的吸光度值为纵坐标，制作标准曲线。

（2）试样测定　在与测定标准溶液相同的实验条件下。将空白溶液和样品溶液分别导入原子化器，测定吸光度值，与标准系列比较定量。

（五）结果计算

试样中铁的含量按式（2－17）计算：

$$X = \frac{(\rho - \rho_0) \times V}{m} \qquad (2-17)$$

式中　X——试样中铁的含量，mg/kg 或 mg/L；

ρ——测定样液中铁的质量浓度，mg/L；

ρ_0——空白液中铁的质量浓度，mg/L；

V——试样消化液的定容体积，mL；

M——试样称样量或移取体积，g 或 mL。

当铁含量≥10.0mg/kg 或 10.0mg/L 时，计算结果保留三位有效数字；当铁含量＜10.0mg/kg 或 10.0mg/L 时，计算结果保留两位有效数字。

（六）注意事项

1. 试样制备过程中要防止试样污染，试样粉碎、匀浆等过程中均采用不锈钢制品。

2. 所用玻璃仪器均经硫酸－重铬酸钾洗液浸泡数小时，再以洗衣粉充分洗刷，其后用水反复冲洗，再用去离子水冲洗烘干。

3. 在重复性条件下获得的两次独立测定结果的绝对差值不得超过算术平均值的 10%。

4. 当称样量为0.5g（或0.5mL）、定容体积为25mL时，方法检出限为0.75 mg/kg（或0.75mg/L），定量限为2.5mg/kg（或2.5mg/L）。

思考题

1. 简述火焰原子吸收光谱法的原理，该法有何优缺点？
2. 简述火焰原子吸收光谱仪的工作原理及其主要组成部件。

实验二　食品中锌的测定

（一）实验目的

1. 掌握食品中锌测定的原理及方法。
2. 学习原子吸收光谱仪的工作原理并熟练操作使用。

（二）实验原理

试样消解处理后，经火焰原子化，在213.9nm处测定吸光度。在一定浓度范围内锌的吸光度值与锌含量成正比，与标准系列比较定量。

（三）器材与试剂

1. 实验仪器

（1）原子吸收光谱仪　配火焰原子化器，锌空心阴极灯。

（2）分析天平　感量0.1mg和1mg。

（3）微波消解仪　配聚四氟乙烯消解内罐。

（4）可调式电热炉。

（5）可调式电热板。

（6）压力消解罐　配聚四氟乙烯消解内罐。

（7）恒温干燥箱。

（8）马弗炉。

2. 实验试剂

（1）硝酸。

（2）高氯酸。

（3）氧化锌（标准品，纯度>99.99%）。

3. 试剂配制

（1）硝酸溶液（5+95）　量取50mL硝酸，缓慢加入到950mL水中，混匀。

（2）硝酸溶液（1+1）　量取250mL硝酸，缓慢加入到250mL水中，混匀。

（3）锌标准储备液（1000mg/L）　准确称取1.2447g（精确至0.0001g）氧化锌，加少量硝酸溶液（1+1），加热溶解，冷却后移入1000mL容量瓶，加水定容至刻度，混匀。

（4）锌标准中间液（10.0mg/L）　准确吸取锌标准储备液（1000mg/L）1.0mL于100mL容量瓶中，加硝酸溶液（5+95）定容至刻度，混匀。

（5）锌标准系列溶液　分别准确吸取锌标准中间液0，1.0，2.0，4.0，8.0和10.0mL于100mL容量瓶中，加硝酸溶液（5+95）定容至刻度，混匀。此锌标准系列溶液的质量浓度分别为0，0.10，0.20，0.40，0.80和1.00mg/L。

（四）操作步骤

1. 试样制备

（1）粮食、豆类样品　样品去除杂物后，粉碎，贮于塑料瓶中。

（2）蔬菜、水果、鱼类、肉类等样品　样品用水洗净，晾干，取可食部分，制成匀浆，贮于塑料瓶中。

（3）饮料、酒、醋、酱油、食用植物油、液态乳等液体样品　将样品摇匀。

2. 试样处理

（1）湿法消解　准确称取固体试样0.2~3g（精确至0.001g）或准确移取液体试样0.5~5.0mL于带刻度消化管中，加入10mL硝酸、0.5mL高氯酸，在可调式电热炉上消解［参考条件：120℃/（0.5~1h）、升至180℃/（2~4h）、升至200~220℃］。若消化液呈棕褐色，再加少量硝酸，消解至冒白烟，消化液呈无色透明或略带黄色，取出消化管，冷却后用水定容至25mL或50mL，混匀备用。同时做试剂空白试验。也可采用锥形瓶，于可调式电热板上，按上述操作方法进行湿法消解。

（2）微波消解　准确称取固体试样0.2~0.8g（精确至0.001g）或准确移取液体试样0.5~3.0mL于微波消解罐中，加入5mL硝酸，按照微波消解的操作步骤消解试样，消解条件参考表2-7。冷却后取出消解罐，在电热板上于140~160℃赶酸至1mL左右。消解罐放冷后，将消化液转移至25mL或50mL容量瓶中，用少量水洗涤消解罐2~3次，合并洗涤液于容量瓶中，用水定容至刻度，混匀备用。同时做试剂空白试验。

表2-7　食品中锌含量测定微波消解升温程序

步骤	设定温度/℃	升温时间/min	恒温时间/min
1	120	5	5
2	160	5	10
3	180	5	10

（3）压力罐消解　准确称取固体试样0.2~1g（精确至0.001g）或准确移取液体试样0.5~5.0mL于消解内罐中，加入5mL硝酸。盖好内盖，旋紧不锈钢外套，放入恒温干燥箱，于140~160℃下保持4~5h。冷却后缓慢旋松外罐，取出消解内罐，放在可调式电热板上于140~160℃赶酸至1mL左右。冷却后将消化液转移至25~50mL容量瓶中，用少量水洗涤内罐和内盖2~3次，合并洗涤液于容量瓶中并用水定容至刻度，混匀备用。同时做试剂空白试验。

（4）干法灰化　准确称取固体试样0.5~5.0g（精确至0.001g）或准确移取液体试样0.5~10.0mL于坩埚中，小火加热，炭化至无烟，转移至马弗炉中，于550℃灰化3~4h。冷却，取出，对于灰化不彻底的试样，加数滴硝酸，小火加热并蒸干，再转入550℃马弗炉中，继续灰化1~2h，至试样呈白灰状，冷却，取出，用适量硝酸溶液（50%）溶解并用水定容至25mL或50mL。同时做试剂空白试验。

3. 测定

仪器测定条件设置见表2－8。

表2－8　　食品中锌含量测定仪器测定条件参数表

元素	波长/nm	狭缝/nm	灯电流/mA	燃烧头高度/mm	空气流量/（L/min）	乙炔流量/（L/min）
锌	213.9	0.2	3～5	3	9	2

（1）标准曲线的制作　将锌标准系列溶液按质量浓度由低到高的顺序分别导入火焰原子化器，原子化后测其吸光度值，以质量浓度为横坐标，吸光度值为纵坐标，制作标准曲线。

（2）试样测定　在与测定标准溶液相同的实验条件下，将空白溶液和试样溶液分别导入火焰原子化器，原子化后测其吸光度值，与标准系列比较定量。

（五）结果计算

试样中锌的含量按式（2－18）计算。

$$X = \frac{(\rho - \rho_0) \times V}{m} \tag{2-18}$$

式中　X——试样中锌的含量，mg/kg 或 mg/L；

ρ——试样溶液中锌的质量浓度，mg/L；

ρ_0——空白溶液中锌的质量浓度，mg/L；

V——试样消化液的定容体积，mL；

m——试样称样量或移取体积，g 或 mL。

当锌含量≥10.0mg/kg（或 mg/L）时，计算结果保留三位有效数字；当锌含量＜10.0mg/kg（或 mg/L）时，计算结果保留两位有效数字。

（六）注意事项

1. 实验所用玻璃器皿要用硝酸（1＋1）浸泡24h，然后用去离子水冲洗干净，除去玻璃表面吸附的金属离子。

2. 锌在环境中大量存在，测定时需做空白试验予以消除。

3. 在重复性条件下获得的两次独立测定结果的绝对差值不得超过算术平均值的10%。

4. 当称样量为0.5g（或0.5mL），定容体积为25mL时，方法的检出限为1mg/kg（或1mg/L），定量限为3mg/kg（或3mg/L）

思考题

1. 简述原子吸收光谱仪的主要组成部件及作用。

2. 锌标准系列溶液为什么采取浓度由低到高导入的顺序进行测定？

实验三　食品中钙的测定

（一）实验目的

1. 掌握食品中钙测定的原理及方法。

2. 学习原子吸收光谱仪的工作原理并熟练操作使用。

（二）实验原理

试样经消解处理后，加入镧溶液作为释放剂，经原子吸收火焰原子化，在422.7nm处测定吸光度值，在一定浓度范围内钙的吸光度值与钙含量成正比，与标准系列比较定量。

（三）器材与试剂

1. 实验仪器

（1）原子吸收光谱仪　配火焰原子化器，钙空心阴极灯。

（2）分析天平　感量为1mg和0.1mg。

（3）微波消解系统　配聚四氟乙烯消解内罐。

（4）可调式电热炉。

（5）可调式电热板。

（6）压力消解罐　配聚四氟乙烯消解内罐。

（7）恒温干燥箱。

（8）马弗炉。

2. 实验试剂

（1）硝酸。

（2）高氯酸。

（3）盐酸。

（4）氧化镧。

（5）碳酸钙（标准品，纯度>99.99%）。

3. 试剂配制

（1）硝酸溶液（5%）　量取50mL硝酸，加入950mL水，混匀。

（2）硝酸溶液（50%）　量取500mL硝酸，与500mL水混合均匀。

（3）盐酸溶液（50%）　量取500mL盐酸，与500mL水混合均匀。

（4）镧溶液（20 g/L）　称取23.45g氧化镧，先用少量水湿润后再加入75mL盐酸溶液（50%）溶解，转入1000mL容量瓶中，加水定容至刻度，混匀。

（5）钙标准储备液（1000mg/L）　准确称取2.4963g（精确至0.0001g）碳酸钙，加盐酸溶液（50%）溶解，移入1000mL容量瓶中，加水定容至刻度，混匀。

（6）钙标准中间液（100mg/L）　准确吸取钙标准储备液（1000mg/L）10mL于100mL容量瓶中，加硝酸溶液（5%）至刻度，混匀。

（7）钙标准系列溶液　分别吸取钙标准中间液（100mg/L）0，0.5，1.0，2.0，4.0，6.0mL于100mL容量瓶中，另在各容量瓶中加入5mL镧溶液（20g/L），最后加硝酸溶液（5%）定容至刻度，混匀。此钙标准系列溶液中钙的质量浓度分别为0，0.50，1.00，2.00，4.00和6.00mg/L。

（四）操作步骤

1. 试样制备

（1）粮食、豆类样品　样品去除杂物后，粉碎，贮于塑料瓶中。

（2）蔬菜、水果、鱼类、肉类等样品　样品用水洗净，晾干，取可食部分，制成匀浆，贮于塑料瓶中。

（3）饮料、酒、醋、酱油、食用植物油、液态乳等液体样品　将样品摇匀。

2. 试样处理

（1）湿法消解　准确称取固体试样 0.2～3g（精确至 0.001g）或准确移取液体试样 0.5～5.0mL 于带刻度消化管中，加入 10mL 硝酸、0.5mL 高氯酸，在可调式电热炉上消解［参考条件：120℃/（0.5～1h）、升至 180℃/（2～4h）、升至 200～220℃］。若消化液呈棕褐色，再加硝酸，消解至冒白烟，消化液呈无色透明或略带黄色。取出消化管，冷却后用水定容至 25mL，再根据实际测定需要稀释，并在稀释液中加入一定体积的镧溶液（20g/L），使其在最终稀释液中的浓度为 1g/L，混匀备用，此为试样待测液。同时做试剂空白试验。也可采用锥形瓶，于可调式电热板上，按上述操作方法进行湿法消解。

（2）微波消解　准确称取固体试样 0.2～0.8g（精确至 0.001g）或准确移取液体试样 0.5～3.0mL 于微波消解罐中，加入 5mL 硝酸，按照微波消解的操作步骤消解试样，消解条件如表 2－9 所示。冷却后取出消解罐，在电热板上于 140～160℃ 赶酸至 1mL 左右。消解罐放冷后，将消化液转移至 25mL 容量瓶中，用少量水洗涤消解罐 2～3 次，合并洗涤液于容量瓶中并用水定容至刻度。根据实际测定需要稀释，并在稀释液中加入一定体积镧溶液（20g/L）使其在最终稀释液中的浓度为 1g/L，混匀备用，此为试样待测液。同时做试剂空白试验。

表 2－9　　食品中钙含量测定微波消解升温程序

步骤	设定温度/℃	升温时间/min	恒温时间/min
1	120	5	5
2	160	5	10
3	180	5	10

（3）压力罐消解　准确称取固体试样 0.2～1g（精确至 0.001g）或准确移取液体试样 0.5～5.0mL 于消解内罐中，加入 5 mL 硝酸。盖好内盖，旋紧不锈钢外套，放入恒温干燥箱，于 140～160℃ 下保持 4～5h。冷却后缓慢旋松外罐，取出消解内罐，放在可调式电热板上于 140～160℃ 赶酸至 1mL 左右。冷却后将消化液转移至 25mL 容量瓶中，用少量水洗涤内罐和内盖 2～3 次，合并洗涤液于容量瓶中，并用水定容至刻度，混匀备用。根据实际测定需要稀释，并在稀释液中加入一定体积的镧溶液（20g/L），使其在最终稀释液中的浓度为 1g/L，混匀备用，此为试样待测液。同时做试剂空白试验。

（4）干法灰化　准确称取固体试样 0.5～5g（精确至 0.001g）或准确移取液体试样 0.5～10.0mL 于坩埚中，小火加热，炭化至无烟，转移至马弗炉中，于 550℃ 灰化 3～4h。冷却，取出。对于灰化不彻底的试样，加数滴硝酸，小火加热并蒸干，再转入 550℃ 马弗炉中，继续灰化 1～2h，至试样呈白灰状，冷却，取出，用适量硝酸溶液（50%）溶解转移至刻度管中，用水定容至25mL。根据实际测定需要稀释，并在稀释液中加入一定体积的镧溶液（20g/L），使其在最终稀释液中的浓度为1g/L，混匀备用，此为试样待测液。同时做试剂空白试验。

3. 测定

仪器测定条件设置见表2－10。

表2－10 食品中钙含量测定仪器测定条件参数

元素	波长/nm	狭缝/nm	灯电流/mA	燃烧头高度/mm	空气流量/（L/min）	乙炔流量/（L/min）
钙	422.7	1.3	5～15	3	9	2

（1）标准曲线的制作　将钙标准系列溶液按浓度由低到高的顺序分别导入火焰原子化器，测定吸光度值，以标准系列溶液中钙的质量浓度为横坐标，相应的吸光度值为纵坐标，制作标准曲线。

（2）试样溶液的测定　在与测定标准溶液相同的实验条件下，将空白溶液和试样待测液分别导入原子化器，测定相应的吸光度值，与标准系列比较定量。

（五）结果计算

试样中钙的含量按式（2－19）进行计算。

$$X = \frac{(\rho - \rho_0) \times f \times V}{m} \tag{2-19}$$

式中　X——试样中钙的含量，mg/kg或mg/L；

ρ——试样待测液中钙的质量浓度，mg/L；

ρ_0——空白溶液中钙的质量浓度，mg/L；

f——试样消化液的稀释倍数；

V——试样消化液的定容体积，mL；

m——试样质量或移取体积，g或mL。

当钙含量≥10.0mg/kg或10.0mg/L时，计算结果保留三位有效数字，当钙含量＜10.0mg/kg或10.0mg/L时，计算结果保留两位有效数字。

（六）注意事项

1. 所用玻璃仪器需用硫酸－重铬酸钾洗液浸泡数小时，再用洗衣粉充分洗刷，然后用水反复冲洗，最后用去离子水冲洗，烘干。

2. 在重复性条件下获得的两次独立测定结果的绝对差值不得超过算术平均值的10%。

3. 以称样量0.5g（或0.5mL），定容至25mL计算，方法检出限为0.5mg/kg（或0.5mg/L），定量限为1.5mg/kg（或1.5mg/L）。

4. 样品制备时，湿样（如蔬菜，水果，鲜鱼，鲜肉等）用水冲洗干净后，要用去离子水充分洗净，干粉类样品（如面粉，乳粉等）取样后立即装容器密封保存，防止空气中的灰尘和水分污染，湿法消解注意在通风橱中进行。

思考题

1. 试样待测液中为什么要加入镧溶液？
2. 空心阴极灯的工作原理是什么？测定时为什么要用待测元素的空心阴极灯作光源？

实验四　食品中磷的测定

（一）实验目的

1. 掌握可见分光光度法测定食品中磷含量的原理及方法。
2. 学习分光光度计的工作原理并熟练使用。

（二）实验原理

试样经消解，磷在酸性条件下与钼酸铵结合生成磷钼酸铵，此化合物被对苯二酚－亚硫酸钠或氯化亚锡－硫酸肼还原成蓝色化合物钼蓝。钼蓝在660nm处的吸光度值与磷的浓度成正比。用分光光度计测定试样溶液的吸光度，与标准系列比较定量。

（三）器材与试剂

1. 实验仪器

（1）分光光度计。

（2）分析天平　感量0.1mg和1mg。

（3）可调式电热板或可调式电热炉。

（4）马弗炉。

2. 实验试剂

（1）硫酸　优级纯。

（2）高氯酸　优级纯。

（3）硝酸　优级纯。

（4）盐酸　优级纯。

（5）对苯二酚。

（6）无水亚硫酸钠。

（7）钼酸铵［$(NH_4)_6Mo_7O_{24}\cdot 4H_2O$］。

（8）氯化亚锡（$SnCl_2\cdot 2H_2O$）。

（9）磷酸二氢钾（标准品，纯度>99.99%）。

3. 试剂配制

（1）硫酸溶液（15%）　量取15mL硫酸，缓慢加入到80mL水中，冷却后用水定容至100mL，混匀。

（2）硫酸溶液（5%）　量取5mL硫酸，缓慢加入到90mL水中，冷却后用水稀释至100mL，混匀。

（3）硫酸溶液（3%）　量取3mL硫酸，缓慢加入到90mL水中，冷却后用水稀释至100mL，混匀。

（4）盐酸溶液（50%）　量取500mL盐酸，加入500mL水，混匀。

（5）钼酸铵溶液（50g/L） 称取5g钼酸铵，加硫酸溶液（15%）溶解，定容至100mL，混匀。

（6）对苯二酚溶液（5g/L） 称取0.5g对苯二酚于100mL水中，使其溶解，并加入一滴硫酸，混匀。

（7）亚硫酸钠溶液（200g/L） 称取20g无水亚硫酸钠溶解于100mL水中，混匀。临用时配制。

（8）氯化亚锡-硫酸肼溶液 称取0.1g氯化亚锡，0.2g硫酸肼，加硫酸溶液（3%）并稀释至100mL。此溶液置棕色瓶中，贮于4℃可保存1个月。

（9）磷标准储备液（100.0mg/L） 准确称取在105℃下干燥至恒重的磷酸二氢钾0.4394g（精确至0.0001g）置于烧杯中，加入适量水溶解并转移至1000mL容量瓶中，加水定容至刻度，混匀。

（10）磷标准使用液（10.0mg/L） 准确吸取10mL磷标准储备液（100.0mg/L），置于100mL容量瓶中，加水定容至刻度，混匀。

（四）操作步骤

1. 试样制备

在采样和试样制备过程中，应避免污染。

（1）粮食、豆类 样品去除杂物后，粉碎，贮于塑料瓶中。

（2）蔬菜、水果、鱼类、肉类等样品 样品用水洗净，晾干，取可食部分，制成匀浆，贮于塑料瓶中。

（3）饮料、酒、醋、酱油、食用植物油、液态乳等液体样品 将样品摇匀。

2. 试样处理

（1）湿法消解 称取试样0.2~3g（精确至0.001g）或准确吸取液体试样0.50~5.0mL于带刻度消化管（锥形瓶）中，加入10mL硝酸，1mL高氯酸，2 mL硫酸，在可调式电热炉上消解［参考条件：120℃/（0.5~1h）、升至180℃/（2~4h）、升至200~220℃］。若消化液呈棕褐色，再加硝酸，消解至冒白烟，消化液呈无色透明或略带黄色。消化液放冷，加20mL水，赶酸。放冷后转移至100mL容量瓶中，用水多次洗涤消化管（锥形瓶），合并洗液于容量瓶中，加水定容至刻度，混匀，作为试样测定溶液。同时做试剂空白试验。

（2）干法灰化 称取试样0.5~5g（精确至0.001g）或准确移取液体试样0.500~10.0mL，在火上灼烧成炭分，再于550℃下灼烧成灰分，直至灰分呈白色为止（必要时，可在加入浓硝酸润湿蒸干后再灰化），加10mL盐酸溶液（50%），在水浴上蒸干。再加2mL盐酸溶液（50%），用水分数次将残渣完全洗入100mL容量瓶中，加水定容至100mL，摇匀。同时做试剂空白试验。

3. 测定

（1）对苯二酚-亚硫酸钠还原法

①标准曲线的制作：准确吸取磷标准使用液0，0.5，1.0，2.0，3.0，4.0，5.0mL，相当于含磷量0，5.0，10.0，20.0，30.0，40.0，50.0μg，分别置于25mL具塞试管中，依次加入2mL钼酸铵溶液（50g/L）摇匀，静置。加入1mL亚硫酸钠溶液（200g/L）、1mL对苯二酚溶液（5g/L），摇匀。加水至刻度，混匀。静置0.5h后，用1cm比色皿，在660nm波长处，以零管作参比，测定吸光度，以测出的吸光度对磷含量绘制标准曲线。

②试样溶液的测定：准确吸取试样溶液2.0mL及等量的空白溶液，分别置于25mL具塞试

管中，加入 2mL 钼酸铵溶液（50g/L）摇匀，静置。加入 1 mL 亚硫酸钠溶液（200g/L）、1mL 对苯二酚溶液（5g/L），摇匀。加水至刻度，混匀。静置 0.5h 后，用 1cm 比色皿，在 660nm 波长处，测定其吸光度，与标准系列比较定量。

（2）氯化亚锡 - 硫酸肼还原法

①标准曲线的制作：准确吸取磷标准使用液 0，0.5，1.0，2.0，3.0，4.0，5.0mL，相当于含磷量 0，5.0，10.0，20.0，30.0，40.0，50.0μg，分别置于 25mL 具塞试管中，各加约 15mL 水，2.5mL 硫酸溶液（5%），2mL 钼酸铵溶液（50g/L），0.5mL 氯化亚锡 - 硫酸肼溶液，各管均补加水至 25mL，混匀。在室温放置 20min 后，用 1cm 比色杯，在 660nm 波长处，以零管作参比，测定其吸光度，以吸光度对磷含量绘制标准曲线。

②试样溶液的测定：准确吸取试样溶液 2.00mL 及等量的空白溶液，分别置于 25mL 比色管中，各加约 15mL 水，2.5mL 硫酸溶液（5%），2mL 钼酸铵溶液（50g/L），0.5mL 氯化亚锡 - 硫酸肼溶液。各管均补加水至 25mL，混匀。在室温放置 20min 后，用 1cm 比色杯，在 660nm 波长处，分别测定其吸光度，与标准系列比较定量。

（五）结果计算

试样中磷的含量按式（2 - 20）进行计算：

$$X = \frac{(m_1 - m_0) \times V_1}{m \times V_2} \times \frac{100}{1000} \qquad (2-20)$$

式中　X——试样中磷含量，mg/100g 或 mg/100mL；

m_1——测定用试样溶液中磷的质量，μg；

m_0——测定用空白溶液中磷的质量，μg；

V_1——试样消化液定容体积，mL；

m——试样质量或移取体积，g 或 mL；

V_2——测定用试样消化液的体积，mL；

100——换算系数；

1000——换算系数。

计算结果保留三位有效数字。

（六）注意事项

1. 样品消解需在通风橱中进行。
2. 亚硫酸钠溶液需实验前临时配制，否则可能使钼蓝溶液发生浑浊。
3. 测定定容时，静置时间不宜过长，否则溶液颜色影响结果准确度。
4. 当取样量为 0.5g（或 0.5mL），定容至 100mL 时，检出限为 20mg/100g（或 20mg/100mL），定量限为 60mg/100g（或 60mg/100mL）。
5. 在重复性条件下获得的两次独立测定结果的绝对差值不得超过算术平均值的 5%。

思考题

分光光度计的原理是什么？简述其主要构成部件及作用。

实验五　食品中铜的测定

（一）实验目的

1. 理解食品中铜测定的原理。

2. 掌握食品中铜测定的操作方法。

（二）实验原理

试样消解处理后，经石墨炉原子化，在324.8nm处测定吸光度。在一定浓度范围内铜的吸光度值与铜含量成正比，与标准系列比较定量。

（三）器材与试剂

1. 仪器和设备

所有玻璃器皿及聚四氟乙烯消解内罐均需硝酸（16.67%）浸泡过夜，用自来水反复冲洗，最后用水冲洗干净。

（1）原子吸收光谱仪　配石墨炉原子化器，附铜空心阴极灯。

（2）分析天平　感量0.1mg和1mg。

（3）可调式电热炉。

（4）可调式电热板。

（5）微波消解系统　配聚四氟乙烯消解内罐。

（6）压力消解罐　配聚四氟乙烯消解内罐。

（7）恒温干燥箱。

（8）马弗炉。

2. 实验试剂

（1）硝酸溶液（5%）　量取50mL硝酸，缓慢加入到950mL水中，混匀。

（2）硝酸溶液（50%）　量取250mL硝酸，缓慢加入到250mL水中，混匀。

（3）磷酸二氢铵－硝酸钯溶液　称取0.02g硝酸钯，加少量硝酸溶液（50%）溶解后，再加入2g磷酸二氢铵，溶解后用硝酸溶液（5%）定容至100mL，混匀。

（4）标准品　五水硫酸铜（$CuSO_4 \cdot 5H_2O$），纯度>99.99%。

（5）标准溶液配制

①铜标准储备液（1000mg/L）：准确称取3.9289g（精确至0.0001g）五水硫酸铜，用少量硝酸溶液（50%）溶解，移入1000mL容量瓶，加水至刻度，混匀。

②铜标准中间液（1.00mg/L）：准确吸取铜标准储备液（1000mg/L）1.00mL于1000mL容量瓶中，加硝酸溶液（5%）至刻度，混匀。

③铜标准系列溶液：分别吸取铜标准中间液（1.00mg/L）0，0.500，1.00，2.00，3.00和4.00mL于100mL容量瓶中，加硝酸溶液（5%）至刻度，混匀。此铜标准系列溶液的质量浓度分别为0，5.00，10.0，20.0，30.0和40.0μg/L。

（四）操作步骤

1. 试样制备

（1）粮食、豆类样品　样品去除杂物后，粉碎，贮于塑料瓶中。

（2）蔬菜、水果、鱼类、肉类等样品　样品用水洗净，晾干，取可食部分，制成匀浆，贮于塑料瓶中。

（3）饮料、酒、醋、酱油、食用植物油、液态乳等液体样品　将样品摇匀。

2. 试样前处理

（1）湿法消解　称取固体试样0.2～3g（精确至0.001g）或准确移取液体试样0.500～5.00mL于带刻度消化管中，加入10mL硝酸、0.5mL高氯酸，在可调式电热炉上消解。若消化液呈棕褐色，再加少量硝酸，消解至冒白烟，消化液呈无色透明或略带黄色，取出消化管，冷却后用水定容至10mL，混匀备用。同时做试剂空白试验。

（2）微波消解　称取固体试样0.2～0.8g（精确至0.001g）或准确移取液体试样0.50～3.00mL于微波消解罐中，加入5mL硝酸，按照微波消解的操作步骤消解试样，消解条件如表2－11所示。冷却后取出消解罐，在电热板上于140～160℃赶酸至1mL左右。消解罐放冷后，将消化液转移至10mL容量瓶中，用少量水洗涤消解罐2～3次，合并洗涤液于容量瓶中，用水定容至刻度，混匀备用。同时做试剂空白试验。

表2－11　食品中铜含量测定微波消解升温程序

步骤	设定温度/℃	升温时间/min	恒温时间/min
1	120	5	5
2	160	5	10
3	180	5	10

（3）压力罐消解　称取固体试样0.2～1g（精确至0.001g）或准确移取液体试样0.50～5.00mL于消解内罐中，加入5mL硝酸。盖好内盖，旋紧不锈钢外套，放入恒温干燥箱，于140～160℃下保持4～5h。冷却后缓慢旋松外罐，取出消解内罐，放在可调式电热板上于140～160℃赶酸至1mL左右。冷却后将消化液转移至10mL容量瓶中，用少量水洗涤内罐和内盖2～3次，合并洗涤液于容量瓶中并用水定容至刻度，混匀备用。同时做试剂空白试验。

（4）干法灰化　称取固体试样0.5～5g（精确至0.001g）或准确移取液体试样0.50～10.0mL于坩埚中，小火加热，炭化至无烟，转移至马弗炉中，于550℃灰化3～4h。冷却，取出，对于灰化不彻底的试样，加数滴硝酸，小火加热，并蒸干，再转入550℃马弗炉中，继续灰化1～2h，至试样呈白灰状，冷却，取出，用适量硝酸溶液（50%）溶解并用水定容至10mL。同时做试剂空白试验。

3. 测定

（1）仪器参考条件　根据各自仪器性能调至最佳状态。参考条件见表2－12。

表2－12　食品中铜含量测定石墨炉原子吸收光谱法仪器参考条件

元素	波长/nm	狭缝/nm	灯电流/mA	干燥	灰化	原子化
铜	324.8	0.5	8～12	85～120℃/40～50s	80℃/20～30s	2350℃/4～5s

（2）标准曲线的制作　按质量浓度由低到高的顺序分别将10μL铜标准系列溶液和5μL磷酸二氢铵－硝酸钯溶液（可根据所使用的仪器确定最佳进样量）同时注入石墨炉，原子化后测其吸光度值，以质量浓度为横坐标，吸光度值为纵坐标，制作标准曲线。

（3）试样溶液的测定　与测定标准溶液相同的实验条件下，将10μL空白溶液或试样溶液与 5μL 磷酸二氢铵 - 硝酸钯溶液（可根据所使用的仪器确定最佳进样量）同时注入石墨管，原子化后测其吸光度值，与标准系列比较定量。

（五） 结果计算

试样中铜的含量按式（2-21）计算。

$$X = \frac{(\rho - \rho_0) \times V}{m \times 1000} \tag{2-21}$$

式中 X——试样中铜的含量，mg/kg 或 mg/L；

ρ——试样溶液中铜的质量浓度，μg/L；

ρ_0——空白溶液中铜的质量浓度，μg/L；

V——试样消化液的定容体积，mL；

m——试样质量或移取体积，g 或 mL；

1000——换算系数。

当铜含量≥1.00mg/kg（或 mg/L）时，计算结果保留三位有效数字；当铜含量 <1.00mg/kg（或 mg/L）时，计算结果保留两位有效数字。

（六） 注意事项

1. 当称样量为 0.5g（或 0.5mL），定容体积为 10mL 时，方法的检出限为 0.02mg/kg（或 0.02mg/L），定量限为 0.05mg/kg（或 0.05mg/L）。

2. 在重复性条件下获得的两次独立测定结果的绝对差值不得超过算术平均值的 20%。

思考题

比较本实验所使用的三种消解方法的优缺点？

实验六 食品中硒的测定

（一） 实验目的

1. 掌握原子荧光光谱仪的基本结构和原理。
2. 掌握原子荧光光谱仪的操作技术。
3. 了解食品中硒的测定意义。

（二） 实验原理

试样经酸加热消化后，在 6mol/L 盐酸介质中，将试样中的六价硒还原成四价硒，用硼氢化钠或硼氢化钾作还原剂，将四价硒在盐酸介质中还原成硒化氢，由载气（氩气）带入原子化器中进行原子化，在硒空心阴极灯照射下，基态硒原子被激发至高能态，在去活化回到基态时，发射出特征波长的荧光，其荧光强度与硒含量成正比，与标准系列比较定量。

（三） 器材与试剂

1. 试剂

（1）硝酸　优级纯。

（2）高氯酸　优级纯。

（3）盐酸 优级纯。

（4）氢氧化钠 优级纯。

（5）过氧化氢。

（6）硼氢化钠 优级纯。

（7）铁氰化钾。

2. 试剂配制

（1）硝酸-高氯酸混合酸（9:1） 将900mL硝酸与100mL高氯酸混匀。

（2）氢氧化钠溶液（5g/L） 称取5g氢氧化钠，溶于1000mL水中，混匀。

（3）硼氢化钠碱溶液（8g/L） 称取8g硼氢化钠，溶于1000mL氢氧化钠溶液（5g/L）中，混匀。现配现用。

（4）盐酸溶液（6mol/L） 量取50mL盐酸，缓慢加入40mL水中，冷却后用水定容至100mL，混匀。

（5）铁氰化钾溶液（100g/L） 称取10g铁氰化钾，溶于100mL水中，混匀。

（6）盐酸溶液（5%） 量取25mL盐酸，缓慢加入475mL水中，混匀。

3. 标准品

硒标准溶液（1000mg/L），或经国家认证并授予标准物质证书的一定浓度的硒标准溶液。

4. 标准溶液的制备

（1）硒标准中间液（100mg/L） 准确吸取1.00mL硒标准溶液（1000mg/L）于10mL容量瓶中，加盐酸溶液（5%）定容至刻度，混匀。

（2）硒标准使用液（1.00mg/L） 准确吸取硒标准中间液（100mg/L）1.00mL于100mL容量瓶中，用盐酸溶液（5%）定容至刻度，混匀。

（3）硒标准系列溶液 分别准确吸取硒标准使用液（1.00mg/L）0，0.500，1.00，2.00和3.00mL于100mL容量瓶中，加入铁氰化钾溶液（100g/L）10mL，用盐酸溶液（5%）定容至刻度，混匀待测。此硒标准系列溶液的质量浓度分别为0，5.00，10.0，20.0和30.0μg/L。（注：可根据仪器的灵敏度及样品中硒的实际含量确定标准系列溶液中硒元素的质量浓度。）

5. 仪器和设备

所有玻璃器皿及聚四氟乙烯消解内罐均需硝酸溶液（16.67%）浸泡过夜，用自来水反复冲洗，最后用水冲洗干净。

（1）原子荧光光谱仪 配硒空心阴极灯。

（2）天平 感量为1mg。

（3）电热板。

（4）微波消解系统 配聚四氟乙烯消解内罐。

（四）操作步骤

1. 试样制备

在采样和制备过程中，应避免试样污染。

（1）粮食、豆类样品 样品去除杂物后，粉碎，贮于塑料瓶中。

（2）蔬菜、水果、鱼类、肉类等样品 样品用水洗净，晾干，取可食部分，制成匀浆，贮于塑料瓶中。

(3) 饮料、酒、醋、酱油、食用植物油、液态乳等液体样品　将样品摇匀。

2. 试样消解

(1) 湿法消解　称取固体试样0.5～3g（精确至0.001g）或准确移取液体试样1.00～5.00mL，置于锥形瓶中，加10mL硝酸－高氯酸混合酸（9:1）及几粒玻璃珠，盖上表面皿消化过夜。次日于电热板上加热，并及时补加硝酸。当溶液变为清亮无色并伴有白烟产生时，再继续加热至剩余体积为2mL左右，切不可蒸干。冷却，再加5mL盐酸溶液（6mol/L），继续加热至溶液变为清亮无色并伴有白烟出现。

冷却后转移至10mL容量瓶中，加入2.5mL铁氰化钾溶液（100g/L），用水定容，混匀待测。同时做试剂空白试验。

(2) 微波消解　称取固体试样0.2～0.8g（精确至0.001g）或准确移取液体试样1.00～3.00mL，置于消化管中，加10mL硝酸、2mL过氧化氢，振摇混合均匀，于微波消解仪中消化，微波消化推荐条件见表2－11。消解结束待冷却后，将消化液转入锥形烧瓶中，加几粒玻璃珠，在电热板上继续加热至近干，切不可蒸干。再加5mL盐酸溶液（6mol/L），继续加热至溶液变为清亮无色并伴有白烟出现，冷却，转移至10mL容量瓶中，加入2.5mL铁氰化钾溶液（100g/L），用水定容，混匀待测。同时做试剂空白试验。

3. 测定

(1) 仪器参考条件　根据各自仪器性能调至最佳状态。参考条件为：负高压340V；灯电流100mA；原子化温度800℃；炉高8mm；载气流速500mL/min；屏蔽气流速1000mL/min。测量方式：标准曲线法；读数方式：峰面积；延迟时间1s；读数时间15s；加液时间8s；进样体积2mL。

(2) 标准曲线的制作　以盐酸溶液（5%）为载流，硼氢化钠碱溶液（8g/L）为还原剂，连续用标准系列的零管进样，待读数稳定之后，将硒标准系列溶液按质量浓度由低到高的顺序分别导入仪器，测定其荧光强度，以质量浓度为横坐标，荧光强度为纵坐标，制作标准曲线。

(3) 试样测定　在与测定标准系列溶液相同的实验条件下，将空白溶液和试样溶液分别导入仪器，测其荧光值强度，与标准系列比较定量。

(五) 结果计算

试样中硒的含量按式（2－22）计算：

$$X = \frac{(\rho - \rho_0) \times V \times f}{m \times 1000} \tag{2-22}$$

式中　X——试样中硒的含量，mg/kg或mg/L；

ρ——试样溶液中硒的质量浓度，μg/L；

ρ_0——空白溶液中硒的质量浓度，μg/L；

V——试样消化液总体积，mL；

m——试样称样量或移取体积，g或mL；

f——样液稀释倍数；

1000——换算系数。

当硒含量≥1.00 mg/kg（或mg/L）时，计算结果保留三位有效数字，当硒含量<1.00 mg/kg（或mg/L）时，计算结果保留两位有效数字。

（六）注意事项

1. 在开启仪器前，一定要注意开启载气。

2. 一定注意各泵管无泄漏，定期向泵管和压块间滴加硅油。

3. 实验时注意在气液分离器中不要有积液，以防溶液进入原子化器。

4. 在测试结束后，一定在空白溶液杯和还原剂容器内加入蒸馏水，运行仪器清洗管道，关闭载气，并打开压块，放松泵管。

5. 从自动进样器上取下样品盘，清洗样品管及样品盘，防止样品盘被腐蚀。

6. 硒的检测属于痕量分析，要求整个实验空白要低，实验中要严格控制污染。

7. 湿法消化样品时，切勿烧干。消化时小心操作，防止被浓酸灼伤。

8. 在重复性条件下获得的两次独立测定结果的绝对差值不得超过算术平均值的10%。

9. 当称样量为1g（或1mL），定容体积为10mL时，方法的检出限为0.002mg/kg（或0.002mg/L），定量限为0.006mg/kg（或0.006mg/L）。

思考题

1. 湿法消化样品的优缺点有哪些？
2. 加入铁氰化钾的作用是什么？

实验七　食品中钾的测定

（一）实验目的

1. 掌握火焰原子吸收法测定钾的方法。
2. 熟悉原子吸收光谱仪的操作流程。
3. 了解钾测定的意义和原理。

（二）实验原理

试样经消解处理后，注入原子吸收光谱仪中，火焰原子化后，钾吸收766.5nm共振线，在一定浓度范围内，其吸收值与钾含量成正比，与标准系列比较定量。

（三）器材与试剂

1. 实验仪器

（1）原子吸收光谱仪　配有火焰原子化器及钾空心阴极灯。

（2）分析天平　感量为0.1mg和1.0mg。

（3）分析用钢瓶乙炔气和空气压缩机。

（4）样品粉碎设备　匀浆机、高速粉碎机。

（5）马弗炉。

（6）可调式控温电热板。

（7）可调式控温电热炉。

（8）微波消解仪　配有聚四氟乙烯消解内罐。

(9) 恒温干燥箱。

(10) 压力消解罐　配有聚四氟乙烯消解内罐。

2. 实验试剂

(1) 硝酸。

(2) 高氯酸。

(3) 氯化铯。

(4) 氯化钾标准品　纯度大于99.99%。

3. 试剂配制

(1) 混合酸［高氯酸+硝酸（1∶9）］　取100mL高氯酸，缓慢加入900mL硝酸中，混匀。

(2) 硝酸溶液（1%）　取10mL硝酸，缓慢加入990mL水中，混匀。

(3) 氯化铯溶液（50g/L）　将5.0g氯化铯溶于水，用水稀释至100mL。

(4) 标准溶液配制

①钾标准储备液（1000mg/L）：将氯化钾于烘箱中110～120℃干燥2h。精确称取1.9068g氯化钾，溶于水中，并移入1000mL容量瓶中，稀释至刻度，混匀，贮存于聚乙烯瓶内，4℃保存，或使用经国家认证并授予标准物质证书的标准溶液。

②钾标准工作液（100mg/L）：准确吸取10.0mL钾标准储备液于100mL容量瓶中，用水稀释至刻度，贮存于聚乙烯瓶中，4℃保存。

③钾标准系列工作液：准确吸取0，0.1，0.5，1.0，2.0，4.0mL钾标准工作液于100mL容量瓶中，加氯化铯溶液4mL，用水定容至刻度，混匀。此标准系列工作液中钾质量浓度分别为0，0.100，0.500，1.00，2.00，4.00mg/L，也可依据实际样品溶液中钾浓度，适当调整标准溶液浓度范围。

（四）操作步骤

1. 试样制备

(1) 固态样品

①干样：豆类、谷物、菌类、茶叶、干制水果、焙烤食品等低含水量样品，取可食部分，必要时经高速粉碎机粉碎均匀；对于固体乳制品、蛋白粉、面粉等呈均匀状的粉状样品，摇匀。

②鲜样：蔬菜、水果、水产品等高含水量样品，必要时洗净，晾干，取可食部分匀浆均匀；对于肉类、蛋类等样品，取可食部分匀浆均匀。

③速冻及罐头食品：经解冻的速冻食品及罐头样品，取可食部分匀浆均匀。

(2) 液态样品　软饮料、调味品等样品摇匀。

(3) 半固态样品　搅拌均匀。

2. 试样消解

(1) 微波消解法　称取0.2～0.5g（精确至0.001g）试样于微波消解内罐中，含乙醇或二氧化碳的样品先在电热板上低温加热除去乙醇或二氧化碳，加入5～10mL硝酸，加盖放置1h或过夜，旋紧外罐，置于微波消解仪中进行消解，消解条件参见表2－13。冷却后取出内罐，置于可调式控温电热炉上，于120～140℃赶酸至近干，用水定容至25mL或50mL，混匀备用。同时做空白试验。

表 2-13　　食品中钾含量测定微波消解和压力罐消解参考条件

消解方式	步骤	控制温度/℃	升温时间/min	恒温时间/min
微波消解	1	140	10	5
	2	170	5	10
	3	190	5	20
压力罐消解	1	80	—	120
	2	120	—	120
	3	160	—	240

（2）压力罐消解法　称取 0.3～1g（精确至 0.001g）试样于聚四氟乙烯压力消解内罐中，含乙醇或二氧化碳的样品先在电热板上低温加热除去乙醇或二氧化碳，加入 5mL 硝酸，加盖放置 1h 或过夜，旋紧外罐，置于恒温干燥箱中进行消解（消解条件见表 2-13）。冷却后取出内罐，置于可调式控温电热板上，于 120～140℃赶酸至近干，用水定容至 25mL 或 50mL，混匀备用。同时做空白试验。

（3）湿式消解法　称取 0.5～5g（精确至 0.001g）试样于玻璃或聚四氟乙烯消解器皿中，含乙醇或二氧化碳的样品先在电热板上低温加热除去乙醇或二氧化碳，加入 10mL 混合酸，加盖放置 1h 或过夜，置于可调式控温电热板或电热炉上消解，若变棕黑色，冷却后再加混合酸，直至冒白烟，消化液呈无色透明或略带黄色，冷却，用水定容至 25mL 或 50mL，混匀备用。同时做空白试验。

（4）干式消解法　称取 0.5～5g（精确至 0.001g）试样于坩埚中，在电炉上微火炭化至无烟，置于（525±25）℃马弗炉中灰化 5～8h，冷却。若灰化不彻底有黑色碳粒，则冷却后滴加少许硝酸湿润，在电热板上干燥后，移入马弗炉中继续灰化成白色灰烬，冷却至室温取出，用硝酸溶液溶解，并用水定容至 25mL 或 50mL，混匀备用。同时做空白试验。

3. 测定

（1）仪器参考条件　优化仪器至最佳状态，仪器的主要条件见表 2-14。

表 2-14　　火焰原子吸收光谱仪操作参考条件

元素	波长/nm	狭缝/nm	灯电流/mA	燃气流量/（L/min）	测定方式
钾	766.5	0.5	8	1.2	吸收

（2）标准曲线的制作　将钾标准系列工作液注入原子吸收光谱仪中，测定吸光度值，以标准工作液的浓度为横坐标，吸光度值为纵坐标，绘制标准曲线。

（3）试样的测定　根据试样溶液中钾元素的含量，需要时将试样溶液用水稀释至适当浓度，并在空白溶液和试样最终测定液中加入一定量的氯化铯溶液，使氯化铯浓度达到 2g/L。于测定标准曲线工作液相同的实验条件下，将空白溶液和测定液注入原子吸收光谱仪中，测定钾的吸光值，根据标准曲线得到待测液中钾的浓度。

（五）计算结果

试样中钾含量按式（2-23）计算：

$$X = \frac{(\rho - \rho_0) \times V \times f \times 100}{m \times 1000} \qquad (2-23)$$

式中 X——试样中被测元素含量，mg/100g 或 mg/100 mL；

ρ——测定液中钾元素的质量浓度，mg/L；

ρ_0——测定空白试液中钾元素的质量浓度，mg/L；

V——样液体积，mL；

f——样液稀释倍数；

100——换算系数；

1000——换算系数；

m——试样的质量或体积，g 或 mL。

计算结果保留三位有效数字。

（六） 注意事项

1. 在重复性条件下获得的两次独立测定结果的绝对差值不得超过算术平均值的 10%。
2. 以取样量 0.5g，定容至 25mL 计，本方法的检出限为 0.2mg/100g，定量限为 0.5mg/100g。

思考题

1. 火焰原子吸收法测定食物中钾元素的原理是什么？
2. 在钾元素的测定中，火焰原子吸收法与其他方法比较有什么优势？

实验八 食品中镁的测定

（一） 实验目的

1. 掌握火焰原子吸收光谱法测定镁的方法。
2. 熟悉原子吸收光谱仪的操作流程。
3. 了解镁测定的意义和原理。

（二） 实验原理

试样经消解处理后，经火焰原子化，在 285.2nm 处测定吸光度。在一定浓度范围内，镁的吸光度值与镁含量成正比，与标准系列比较定量。

（三） 器材与试剂

1. 实验仪器

（1） 原子吸收光谱仪　配有火焰原子化器及镁空心阴极灯。

（2） 分析天平　感量为 0.1mg 和 1.0mg。

（3） 样品粉碎设备　匀浆机、高速粉碎机。

（4） 马弗炉。

（5） 可调式控温电热板。

（6） 可调式控温电热炉。

（7） 微波消解仪　配有聚四氟乙烯消解内罐。

（8）恒温干燥箱。

（9）压力消解罐　配有聚四氟乙烯消解内罐。

2. 实验试剂

（1）硝酸。

（2）高氯酸。

（3）盐酸。

（4）标准品　金属镁（CAS 号：7439－95－4）或氧化镁（CAS 号：1309－48－4），纯度大于 99.99%。或经国家认证并授予标准物质证书的一定浓度的镁标准溶液。

3. 试剂配制

（1）硝酸溶液（5%）　量取 50mL 硝酸，倒入 950mL 水中，混匀。

（2）硝酸溶液（50%）　量取 250mL 硝酸，倒入 250mL 水中，混匀。

（3）盐酸溶液（50%）　量取 50mL 盐酸，倒入 50mL 水中，混匀。

（4）标准溶液配制

①镁标准储备液（1000mg/L）：准确称取 0.1g（精确至 0.0001g）金属镁或 0.1658g（精确至 0.0001g）于（800±50）℃灼烧至恒重的氧化镁，溶于 2.5mL 盐酸溶液（50%）及少量水中，移入 100mL 容量瓶，加水至刻度，混匀。

②镁标准中间液（10.0mg/L）：准确吸取镁标准储备液（1000mg/L）1.00mL，用硝酸溶液（5%）定容到 100mL 容量瓶中，混匀。

③镁标准系列溶液：准确吸取镁标准中间液 0，2.00，4.00，8.00，10.0mL 于 100mL 容量瓶中，用硝酸溶液（5%）定容至刻度，混匀。此标准系列工作液中镁质量浓度分别为 0，0.20，0.40，0.60，0.80 和 1.00mg/L。也可依据实际样品溶液中镁浓度，适当调整标准溶液浓度范围。

（四）操作步骤

1. 试样制备

（1）粮食、豆类样品　样品去除杂物后，粉碎，贮于塑料瓶中。

（2）蔬菜、水果、鱼类、肉类等样品　样品用水洗净，晾干，取可食部分，制成匀浆，贮于塑料瓶中。

（3）饮料、酒、醋、酱油、食用植物油、液态乳等液体样品　将样品摇匀。

2. 试样消解

（1）湿法消解　称取固体试样 0.2～3g（精确至 0.001g）或准确移取液体试样 0.500～5.00mL 于带刻度消化管中，加入 10mL 硝酸、0.5mL 高氯酸，在可调式电热炉上消解[参考条件：120℃/（0.5～1h）、升至 180℃/（2～4h）、升至 200～220℃]。若消化液呈棕褐色，再补加硝酸，消解至冒白烟，消化液呈无色透明或略带黄色，取出消化管，冷却后用水定容至 25mL，混匀备用。同时做试剂空白试验。也可采用锥形瓶，于可调式电热板上，按上述操作方法进行湿法消解。

（2）微波消解　称取固体试样 0.2～0.8g（精确至 0.001g）或准确移取液体试样 0.500～3.00mL 于微波消解罐中，加入 5mL 硝酸，按照微波消解的操作步骤消解试样，消解条件见表 2－15。冷却后取出消解罐，在电热板上于 140～160℃ 赶酸至 0.5～1mL。消解罐放冷后，将消化液转移至 25mL 容量瓶中，用少量水洗涤消解罐 2～3 次，合并洗涤液于容量瓶中并用水定容至刻度，混匀备用。同时做试剂空白试验。

表 2－15　　食品中镁含量测定微波消解升温程序条件

步骤	控制温度/℃	升温时间/min	恒温时间/min
1	120	5	5
2	160	5	10
3	180	5	10

（3）压力罐消解　称取固体试样 0.2～1g（精确至 0.001g）或准确移取液体试样 0.500～5.00mL 于消解内罐中，加入 5mL 硝酸。盖好内盖，旋紧不锈钢外套，放入恒温干燥箱，于 140～160℃下保持 4～5h。冷却后缓慢旋松外罐，取出消解内罐，放在可调式电热板上于140～160℃赶酸至 1mL 左右。冷却后将消化液转移至 25mL 容量瓶中，用少量水洗涤内罐和内盖 2～3 次，合并洗涤液于容量瓶中并用水定容至刻度，混匀备用。同时做试剂空白试验。

（4）干法灰化　称取固体试样 0.5～5g（精确至 0.001g）或准确移取液体试样 0.500～10.0mL 于坩埚中，将坩埚置于电热板上缓慢加热，微火碳化至不再冒烟。碳化后的试样放入马弗炉中，于 550℃灰化 4h。若灰化后的试样中有黑色颗粒，应将坩埚冷却至室温后加少许硝酸溶液（5%）润湿残渣，在电热板小火蒸干后置马弗炉 550℃继续灰化，直至试样成白灰状。在马弗炉中冷却后取出，冷却至室温，用 2.5mL 硝酸溶液（50%）溶解，并用少量水洗涤坩埚 2～3 次，合并洗涤液于容量瓶中并定容至 25mL，混匀备用。同时做试剂空白试验。

3. 测定

（1）仪器参考条件　根据各自仪器性能调至最佳状态。参考条件为：空气－乙炔火焰，波长 285.2nm，狭缝 0.2nm，灯电流 5～15mA。

（2）标准曲线的制作　将镁标准系列溶液按质量浓度由低到高的顺序分别导入火焰原子化器后测其吸光度值，以质量浓度为横坐标，吸光度值为纵坐标，制作标准曲线。

（3）试样的测定　在与测定标准溶液相同的实验条件下，将空白溶液和试样溶液分别导入原子化器测其吸光度值，与标准系列比较定量。

（五）结果计算

试样中镁含量按式（2－24）计算。

$$X = \frac{(\rho - \rho_0) \times V}{m} \tag{2-24}$$

式中　X——试样中镁的含量，mg/kg 或 mg/L；

ρ——试样溶液中镁的质量浓度，mg/L；

ρ_0——测定空白试液中镁的质量浓度，mg/L；

V——试样消化液的定容体积，mL；

m——试样的质量或体积，g 或 mL。

当镁含量≥10.0mg/kg（或 mg/L）时，计算结果保留三位有效数字，当镁含量＜10.0mg/kg（或 mg/L）时，计算结果保留两位有效数字。

（六）注意事项

1. 在采样和制备过程中，应避免试样污染。

2. 原子吸收光谱仪的型号不同，所用标准溶液的浓度应按仪器的灵敏度进行调整。

3. 在重复性条件下获得的两次独立测定结果的绝对差值不得超过算术平均值的10%。当称样量为1g（或1mL），定容体积为25mL时，方法的检出限为0.6mg/kg（或0.6mg/L），定量限为2.0mg/kg（或2.0mg/L）。

思考题

1. 简述火焰原子吸收法测定食物中镁元素的原理。
2. 试样消解有哪几种方法，如何操作？

实验九　食品中钠的测定

（一）实验目的

1. 掌握火焰原子吸收光谱法测定钠的操作技能。
2. 了解食品中钠的测定方法。

（二）实验原理

试样经消解处理后，注入原子吸收光谱仪中，火焰原子化后钠吸收589.0nm共振线，在一定浓度范围内，其吸收值与钠含量成正比，与标准系列比较定量。

（三）器材与试剂

1. 实验仪器

（1）原子吸收光谱仪　配有火焰原子化器及钠空心阴极灯。

（2）分析天平　感量为0.1mg和1.0mg。

（3）分析用钢瓶乙炔气和空气压缩机。

（4）样品粉碎设备　匀浆机、高速粉碎机。

（5）马弗炉。

（6）可调式控温电热板。

（7）可调式控温电热炉。

（8）微波消解仪　配有聚四氟乙烯消解内罐。

（9）恒温干燥箱。

（10）压力消解罐　配有聚四氟乙烯消解内罐。

2. 实验试剂

（1）试剂　硝酸、高氯酸、氯化铯。

（2）试剂配制

①混合酸［高氯酸+硝酸（1:9）］：量取100mL高氯酸，缓慢加入900mL硝酸中，混匀。

②硝酸溶液（1%）：量取10mL硝酸，缓慢加入990mL水中，混匀。

③氯化铯溶液（50g/L）：称取5.0g氯化铯溶于水，用水稀释至100mL。

（3）标准品　氯化钠标准品（NaCl）：纯度大于99.99%。

(4) 标准溶液配制

①钠标准储备液(1000mg/L):将氯化钠于烘箱中110~120℃干燥2h。精确称取2.5421g氯化钠,分别溶于水中,并移入1000mL容量瓶中,稀释至刻度,混匀,贮存于聚乙烯瓶内,4℃保存,或使用经国家认证并授予标准物质证书的标准溶液。

②钠标准工作液(100mg/L):准确吸取10.0mL钠标准储备溶液于100mL容量瓶中,用水稀释至刻度,贮存于聚乙烯瓶中,4℃保存。

③钠标准系列工作液:准确吸取0,0.5,1.0,2.0,3.0,4.0mL钠标准工作液于100mL容量瓶中,加氯化铯溶液4mL,用水定容至刻度,混匀。此标准系列工作液中钠质量浓度分别为0,0.500,1.00,2.00,3.00,4.00mg/L,也可依据实际样品溶液中钠浓度,适当调整标准溶液浓度范围。

(四) 操作步骤

1. 试样制备

(1) 固态样品

①干样:豆类、谷物、菌类、茶叶、干制水果、焙烤食品等低含水量样品,取可食部分,必要时经高速粉碎机粉碎均匀;对于固体乳制品、蛋白粉、面粉等呈均匀状的粉状样品,摇匀。

②鲜样:蔬菜、水果、水产品等高含水量样品,必要时洗净,晾干,取可食部分匀浆摇匀;对于肉类、蛋类等样品,取可食部分匀浆摇匀。

③速冻及罐头食品:经解冻的速冻食品及罐头样品,取可食部分匀浆摇匀。

(2) 液态样品　软饮料、调味品等样品,摇匀。

(3) 半固态样品　搅拌均匀。

2. 试样消解

(1) 微波消解法　称取0.2~0.5g(精确至0.001g)试样于微波消解内罐中,含乙醇或二氧化碳的样品先在电热板上低温加热除去乙醇或二氧化碳,加入5~10mL硝酸,加盖放置1h或过夜,旋紧外罐,置于微波消解仪中进行消解,消解条件见表2-16。冷却后取出内罐,置于可调式控温电热炉上,于120~140℃赶酸至近干,用水定容至25mL或50mL,混匀备用。同时做空白试验。

(2) 压力罐消解法　称取0.3~1g(精确至0.001g)试样于聚四氟乙烯压力消解内罐中,含乙醇或二氧化碳的样品先在电热板上低温加热除去乙醇或二氧化碳,加入5mL硝酸,加盖放置1h或过夜,旋紧外罐,置于恒温干燥箱中进行消解,消解条件见表2-16。冷却后取出内罐,置于可调式控温电热板上,于120~140℃赶酸至近干,用水定容至25mL或50mL,混匀备用。同时做空白试验。

表2-16　食品中钠含量测定微波消解和压力罐消解参考条件

消解方式	步骤	控制温度/℃	升温时间/min	恒温时间/min
	1	140	10	5
微波消解	2	170	5	10
	3	190	5	20

续表

消解方式	步骤	控制温度/℃	升温时间/min	恒温时间/min
压力罐消解	1	80	—	120
	2	120	—	120
	3	160	—	240

（3）湿式消解法　称取0.5~5g（精确至0.001g）试样于玻璃或聚四氟乙烯消解器皿中，含乙醇或二氧化碳的样品先在电热板上低温加热除去乙醇或二氧化碳，加入10mL混合酸，加盖放置1h或过夜，置于可调式控温电热板或电热炉上消解，若变棕黑色，冷却后再加混合酸，直至冒白烟，消化液呈无色透明或略带黄色，冷却，用水定容至25mL或50mL，混匀备用。同时做空白试验。

（4）干式消解法　称取0.5~5g（精确至0.001g）试样于坩埚中，在电炉上微火炭化至无烟，置于（525±25）℃马弗炉中灰化5~8h，冷却。若灰化不彻底有黑色炭粒，则冷却后滴加少许硝酸湿润，在电热板上干燥后，移入马弗炉中继续灰化成白色灰烬，冷却至室温取出，用硝酸溶液溶解，并用水定容至25mL或50mL，混匀备用。同时做空白试验。

3. 仪器参考条件

优化仪器至最佳状态，仪器的主要条件见表2－17。

表2－17　　钾、钠火焰原子吸收光谱仪操作参考条件

元素	波长/nm	狭缝/nm	灯电流/mA	燃气流量/(L/min)	测定方式
钠	589	0.5	8	11	吸收

4. 标准曲线的制作

分别将钠标准系列工作液注入原子吸收光谱仪中，测定吸光度值，以标准工作液的浓度为横坐标，吸光度值为纵坐标，绘制标准曲线。

5. 试样溶液的测定

根据试样溶液中被测元素的含量，需要时将试样溶液用水稀释至适当浓度，并在空白溶液和试样最终测定液中加入一定量的氯化铯溶液，使氯化铯浓度达到2g/L。于测定标准曲线工作液相同的实验条件下，将空白溶液和测定液注入原子吸收光谱仪中，分别测定钠的吸光值，根据标准曲线得到待测液中钠的浓度。

（五）计算结果

试样中钠含量按式（2－25）计算。

$$X=\frac{(\rho-\rho_0)\times V\times f\times 100}{m\times 1000} \qquad (2-25)$$

式中　X——试样中被测元素含量，mg/100g或mg/100mL；

ρ——测定液中元素的质量浓度，mg/L；

ρ_0——空白溶液中元素的质量浓度，mg/L；

V——样液体积，mL；

f——样液稀释倍数；

100——换算系数；

1000——换算系数；

m——试样的质量或体积，g 或 mL。

计算结果保留三位有效数字。

（六）注意事项

1. 消解后的水样应透明、澄清、无沉淀。
2. 不引入待测组分和干扰组分，避免为后续工作造成干扰和困难。
3. 不使待测组分挥发或沉淀而造成损失。
4. 消解过程应平稳，升温不宜过猛。
5. 消解操作必须在通风橱中进行。
6. 在重复性条件下获得的两次独立测定结果的绝对差值不得超过算术平均值的 10%。
7. 以取样量 0.5g，定容至 25mL 计，本方法钠的检出限为 0.8mg/100g，定量限为 3mg/100g。

思考题

1. 简述原子吸收光谱仪定量分析测定的依据。
2. 实验中配制标准系列溶液的原因是什么？

第四节　食品添加剂的分析检测

实验一　食品中苯甲酸、山梨酸及糖精钠的测定

（一）实验目的

1. 了解液相色谱仪的工作原理。
2. 掌握液相色谱法分析食品中苯甲酸、山梨酸及糖精钠的操作技术。
3. 掌握外标法定量的方法。

（二）实验原理

样品经水提取，高脂肪样品经正己烷脱脂、高蛋白样品经蛋白沉淀剂沉淀蛋白，采用液相色谱分离、紫外检测器检测，外标法定量。

（三）器材与试剂

1. 实验仪器

（1）高效液相色谱仪　配紫外检测器。

（2）分析天平　感量为 0.001g 和 0.0001g。

（3）涡旋振荡器。

（4）离心机　转速 >8000r/min。

（5）匀浆机。

（6）恒温水浴锅。

（7）超声波发生器。

（8）水相微孔滤膜　0.22μm。

2. 实验试剂

（1）氨水溶液（1%）　取25%氨水1mL，加到99mL水中，混匀。

（2）亚铁氰化钾溶液（92g/L）　称取106g三水合亚铁氰化钾，加入适量水溶解，用水定容至1000mL。

（3）乙酸锌溶液（183g/L）　称取220g乙酸锌溶于少量水中，加入30mL冰乙酸，用水定容至1000mL。

（4）乙酸铵溶液（20mmol/L）　称取1.54g乙酸铵，加入适量水溶解，用水定容至1000mL，经0.22μm水相微孔滤膜过滤后备用。

（5）甲酸－乙酸铵溶液（2mmol/L甲酸＋20mmol/L乙酸铵）　称取1.54g乙酸铵，加入适量水溶解，再加入75.2μL甲酸，用水定容至1000mL，经0.22μm水相微孔滤膜过滤后备用。

（6）标准品　苯甲酸钠，纯度≥99.0%；山梨酸钾，纯度≥99.0%；糖精钠，纯度≥99%。

①苯甲酸、山梨酸和糖精钠（以糖精计）标准储备溶液（1000mg/L）：分别准确称取苯甲酸钠、山梨酸钾和糖精钠0.118、0.134和0.117g（精确到0.0001g），用水溶解并分别定容至100mL。于4℃贮存，保存期为6个月。当使用苯甲酸和山梨酸标准品时，需要用甲醇溶解并定容。糖精钠含结晶水，使用前需在120℃烘4h，干燥器中冷却至室温后备用。

②苯甲酸、山梨酸和糖精钠（以糖精计）混合标准中间溶液（200mg/L）：分别准确吸取苯甲酸、山梨酸和糖精钠标准储备溶液各10.0mL于50mL容量瓶中，用水定容。于4℃贮存，保存期为3个月。

③苯甲酸、山梨酸和糖精钠（以糖精计）混合标准系列工作溶液：分别准确吸取苯甲酸、山梨酸和糖精钠混合标准中间溶液0，0.05，0.25，0.50，1.00，2.50，5.00mL和10.0mL，用水定容至10mL，配制成质量浓度分别为0，1.00，5.00，10.0，20.0，50.0，100和200mg/L的混合标准系列工作溶液。临用现配。

（四）操作步骤

1. 试样制备

取多个预包装的饮料、液态乳等均匀样品直接混合；非均匀的液态、半固态样品用组织匀浆机匀浆；固体样品用研磨机充分粉碎并搅拌均匀；干酪、黄油、巧克力等采用50～60℃加热熔融，并趁热充分搅拌均匀。取其中的200g装入玻璃容器中，密封，液体试样于4℃保存，其他试样于－18℃保存。

2. 试样提取

（1）一般性试样　准确称取约2.0g（精确到0.001g）试样于50mL具塞离心管中，加水约25mL，涡旋混匀，于50℃水浴超声20min，冷却至室温后加亚铁氰化钾溶液2mL和乙酸锌溶液2mL，混匀，于8000 r/min离心5min，将水相转移至50mL容量瓶中，于残渣中加水20mL，涡旋混匀后超声5min，于8000r/min离心5min，将水相转移到同一50mL容量瓶中，并用水定容至刻度，混匀。取适量上清液过 0.22μm 滤膜，待液相色谱测定。碳酸饮料、果酒、果汁、蒸馏酒等测定时可以不加蛋白沉淀剂。

（2）含胶基的果冻、糖果等试样　准确称取约 2g（精确到 0.001g）试样于 50mL 具塞离心管中，加水约 25mL，涡旋混匀，于 70℃ 水浴加热溶解试样，于 50℃ 水浴超声 20min，之后的操作同一般性试样。

（3）油脂、巧克力、奶油、油炸食品等高油脂试样　准确称取约 2g（精确到 0.001g）试样于 50mL 具塞离心管中，加正己烷 10mL，于 60℃ 水浴加热约 5min，并不时轻摇以溶解脂肪，然后加氨水溶液（1%）25mL，乙醇 1mL，涡旋混匀，于 50℃ 水浴超声 20min，冷却至室温后，加亚铁氰化钾溶液 2mL 和乙酸锌溶液 2mL，混匀，于 8000r/min 离心 5min，弃去有机相，水相转移至 50mL 容量瓶中，残渣同一般性试样再提取一次后测定。

3. 色谱条件

色谱柱：C_{18} 柱，柱长 250mm，内径 4.6mm，粒径 5μm，或等效色谱柱；流动相：甲醇－乙酸铵溶液＝5∶95；流速：1 mL/min；检测波长：230nm；进样量：10μL。

4. 标准曲线的制作

将混合标准系列工作溶液分别注入液相色谱仪中，测定相应的峰面积，以混合标准系列工作溶液的质量浓度为横坐标，以峰面积为纵坐标，绘制标准曲线。

5. 待测溶液的测定

将试样溶液注入液相色谱仪中，得到峰面积，根据标准曲线得到待测液中糖精钠、苯甲酸、山梨酸的质量浓度。

（五）结果计算

试样中苯甲酸、山梨酸及糖精钠的含量按式（2－26）计算：

$$X = \frac{\rho \times V}{m \times 1000} \tag{2-26}$$

式中　X——试样中待测组分含量，g/kg；

ρ——由标准曲线得出的试样中待测物的质量浓度，mg/L；

V——试样定容体积，mL；

m——试样质量，g；

1000——换算系数。

结果保留三位有效数字。

（六）注意事项

1. 在重复条件下获得的两次独立测定结果的绝对差值不得超过算术平均值的 10%。
2. 按取样量 2g，糖精钠的检出限为 0.005g/kg，定量限为 0.01g/kg。

思考题

查阅文献资料，比较食品中苯甲酸、山梨酸及糖精钠的不同测定方法的差异。

实验二 高效液相色谱法测定食品中合成着色剂

（一）实验目的

1. 了解食品中合成着色剂测定的不同方法。
2. 理解高效液相色谱法测定食品合成着色剂的原理。
3. 掌握高效液相色谱法测定食品中合成着色剂的方法。

（二）实验原理

食品中人工合成着色剂用聚酰胺吸附法或液-液分配法提取，制成水溶液，注入高效液相色谱仪，经反相色谱分离，根据保留时间定性，与峰面积比较进行定量。

（三）器材与试剂

1. 实验仪器

（1）高效液相色谱仪。

（2）电子天平。

（3）恒温水浴锅。

（4）G3 垂融漏斗。

2. 实验试剂

（1）甲醇。

（2）正己烷。

（3）盐酸。

（4）冰醋酸。

（5）甲酸。

（6）乙酸铵。

（7）柠檬酸。

（8）硫酸钠。

（9）正丁醇。

（10）三正辛胺。

（11）无水乙醇。

（12）氨水。

（13）聚酰胺粉。

（四）操作步骤

1. 试样制备

（1）果汁饮料及果汁、果味碳酸饮料等　称取 20～40g（精确至 0.001g），放入 100mL 烧杯中，含二氧化碳样品须加热或超声去除二氧化碳。

（2）配制酒类　称取 20～40g（精确至 0.001g），放入 100mL 小烧杯中，加入小碎瓷片数片，加热去除乙醇。

（3）硬糖、蜜饯类、淀粉软糖等　称取 5～10g（精确至 0.001g）粉碎样品，放入 100mL 小烧杯中，加水 30mL，温热溶解，若样品溶液 pH 较高，用柠檬酸溶液调 pH 到 6 左右。

（4）巧克力及着色糖衣制品　称取 5～10g（精确至 0.001g），放入 100mL 小烧杯中，用水反复洗涤色素，到巧克力豆无色素为止，合并色素漂洗液为样品溶液。

2. 色素提取

将制备好的样品溶液放入分液漏斗中，加2mL盐酸、10～20mL三正辛胺－丁醇溶液（50g/L），振摇提取，分取有机相，重复提取，直至有机相无色，合并有机相，用饱和硫酸钠溶液洗2次，每次10mL，分取有机相，放蒸发皿中，水浴加热浓缩至10mL，转移至分液漏斗中，加10mL正己烷，混匀，加氨水溶液提取2～3次，每次5mL，合并氨水溶液层（含水溶性酸性色素），用正己烷洗2次，氨水层加乙酸调成中性，水浴加热蒸发至近干，加水定容至5mL。经0.45μm微孔滤膜过滤，进高效液相色谱仪分析。

3. 仪器参考条件

色谱柱：C_{18}柱，4.6mm×250mm，5μm。

进样量：10μL。

柱温：35℃。

二极管阵列检测器波长范围：400～800nm，或紫外检测器波长：254nm。

梯度洗脱表见表2－18。

表2－18　食品中着色剂测定梯度洗脱表

时间/min	流速/min	0.02mol/L 乙酸铵溶液/%	甲醇/%
0	1.0	95	5
3	1.0	65	35
7	1.0	0	100
10	1.0	0	100
10.1	1.0	95	5
21	1.0	95	5

4. 测定

将样品提取液和合成着色剂标准使用液分别注入高效液相色谱仪，根据保留时间定性，外标峰面积法定量。

（五）结果计算

试样中着色剂的含量按式（2－27）计算。

$$X = \frac{c \times V \times 1000}{m \times 1000 \times 1000} \quad (2-27)$$

式中　X——试样中着色剂的含量，g/kg；

c——进样液中着色剂的浓度，μg/mL；

V——试样稀释总体积，mL；

m——试样质量，g；

1000——换算系数。

计算结果以重复条件下获得的两次独立测定结果的算术平均值表示，结果保留两位有效数字。

思考题

1. 查阅文献资料比较测定食品中合成着色剂的方法的差异。
2. 为什么果汁饮料及果汁、果味碳酸饮料需要在试样制备过程中去除二氧化碳？
3. 为什么配制酒类在试样制备过程中需要去除乙醇？

实验三　食品中亚硝酸盐和硝酸盐的测定

（一）实验目的

1. 熟悉食品中亚硝酸盐的卫生标准，掌握食品中亚硝酸盐含量测定的基本方法。
2. 熟悉食品中硝酸盐的卫生标准，掌握食品中硝酸盐含量测定的基本方法。

（二）实验原理

亚硝酸盐采用盐酸萘乙二胺法测定，硝酸盐采用镉柱还原法测定。

试样经沉淀蛋白质、除去脂肪后，在弱酸条件下，亚硝酸盐与对氨基苯磺酸重氮化后，再与盐酸萘乙二胺偶合形成紫红色染料，外标法测得亚硝酸盐含量。采用镉柱将硝酸盐还原成亚硝酸盐，测得亚硝酸盐总量，由测得的亚硝酸盐总量减去试样中亚硝酸盐含量，即得试样中硝酸盐含量。

（三）器材与试剂

1. 实验器材

（1）天平　感量为0.1mg和1mg。

（2）组织捣碎机。

（3）超声波清洗器。

（4）恒温干燥箱。

（5）分光光度计。

（6）镉柱或镀铜镉柱

①镉柱（镉粉）海绵状镉粉的制备：于500mL硫酸镉溶液中，投入足够的锌棒，经3~4h，当其中的镉全部被锌置换后，用玻璃棒轻轻刮下，取出残余锌棒，使镉沉底，倾去上层清液，用水以倾斜法多次洗涤，然后移入粉碎机中加500mL水，捣碎约2s，用水将金属细粒洗至标准筛上，取20~40目的部分，置试剂瓶中，用水封盖保存备用。

②镉柱还原效率的测定：取25mL酸式滴定管数支，向柱底压入1mL高的玻璃棉作垫，上置一小漏斗，将新配制的镉粉带水加入柱内，边装边轻轻敲击柱排出柱内空气；加镉粉至8~10cm高，上面用1cm高的玻璃棉覆盖，上置一储液漏斗。

当镉柱填装好后，先用25mL 0.1mol/L盐酸洗涤，再以水洗两次，每次25mL，调节柱流速至3~5mL/min。镉柱不用时用水封盖，随时都要保持水平面在镉层之上，不得使镉层有气泡。

镉柱每次使用完毕后，应先以25mL 0.1mol/L盐酸洗涤，再以水洗两次，每次25mL，最后用水覆盖镉柱。

柱先加25mL氯化铵缓冲液，至液面接近海绵镉时，吸取2.0mL硝酸钠标准使用液。经柱还原，控制流速3~5mL/min，用50 mL容量瓶接收。加入5mL氯化铵缓冲溶液，液面接近海绵镉时，加入15mL水洗柱，还原液和洗液一并流入50mL容量瓶中。加5mL 60%乙酸，显色剂10mL，加水稀释至刻度，混匀，暗处放置25min。用1cm比色杯，以标准零管调节零点，于波长550nm处测吸光度，根据亚硝酸钠标准曲线计算还原效率（如镉柱还原率小于95%，应经盐酸浸泡活化处理）。

③镉粉还原效率的测定：镉粉使用前经盐酸浸泡活化处理，再以水洗两次，用水浸没待用。用牛角勺将镉粉加入25mL带塞刻度试管中，至5mL刻度，用少量水封住。吸取2.0mL硝酸钠标准使用液，加入5mL氯化铵缓冲液。盖上试管塞，振摇2min，静止5min，用漏斗颈部塞有少量脱脂棉的小漏斗过滤，滤液定量收集于50mL容量瓶中，用15mL水少量多次洗涤镉粉，洗液与滤液合并。加5mL 60%乙酸后，立即加显色剂10mL，加水稀释至刻度，混匀，暗处放置25min。用1cm比色杯，以标准零管调节零点，于550nm波长处测吸光度，根据亚硝酸盐标准曲线计算还原效率。

2. 实验试剂

（1）亚铁氰化钾溶液（106g/L） 称取106.0g亚铁氰化钾，用水溶解，并稀释至1000mL。

（2）乙酸锌溶液（220g/L） 称取220.0g乙酸锌，先加30mL冰乙酸溶解，用水稀释至1000mL。

（3）饱和硼砂溶液（50g/L） 称取5.0g硼酸钠，溶于100mL热水中，冷却后备用。

（4）氨缓冲溶液（pH9.6~9.7） 量取30mL盐酸，加100mL水，混匀后加65mL氨水，再加水稀释至1000mL，混匀。调节pH至9.6~9.7。

（5）氨缓冲液的稀释液 量取50mL pH9.6~9.7氨缓冲溶液，加水稀释至500mL，混匀。

（6）盐酸（0.1mol/L） 量取8.3mL盐酸，用水稀释至1000mL。

（7）盐酸（2mol/L） 量取167mL盐酸，用水稀释至1000mL。

（8）盐酸（20%） 量取20mL盐酸，用水稀释至100mL。

（9）对氨基苯磺酸溶液（4g/L） 称取0.4g对氨基苯磺酸，溶于100mL20%盐酸中，混匀，置棕色瓶中，避光保存。

（10）盐酸萘乙二胺溶液（2g/L） 称取0.2g盐酸萘乙二胺，溶于100mL水中，混匀，置棕色瓶中，避光保存。

（11）硫酸铜溶液（20g/L） 称取20g硫酸铜，加水溶解，并稀释至1000mL。

（12）硫酸镉溶液（40g/L） 称取40g硫酸镉，加水溶解，并稀释至1000mL。

（13）乙酸溶液（3%） 量取冰乙酸3mL于100mL容量瓶中，以水稀释至刻度，混匀。

（14）标准品

①亚硝酸钠（CAS号：7632-00-0）：基准试剂，或采用具有标准物质证书的亚硝酸盐标准溶液。

②硝酸钠（CAS号：7631-99-4）：基准试剂，或采用具有标准物质证书的硝酸盐标准溶液。

（15）标准溶液配制

①亚硝酸钠标准溶液（200μg/mL，以亚硝酸钠计）：准确称取0.1000g于110~120℃干燥恒重的亚硝酸钠，加水溶解，移入500mL容量瓶中，加水稀释至刻度，混匀。

②硝酸钠标准溶液（200μg/mL，以亚硝酸钠计）：准确称取0.1232g于110～120℃干燥恒重的硝酸钠，加水溶解，移入500mL容量瓶中，并稀释至刻度。

③亚硝酸钠标准使用液（5.0μg/mL）：临用前，吸取2.50mL亚硝酸钠标准溶液，置于100mL容量瓶中，加水稀释至刻度。

④硝酸钠标准使用液（5.0μg/mL，以亚硝酸钠计）：临用前，吸取2.50mL硝酸钠标准溶液，置于100mL容量瓶中，加水稀释至刻度。

（四）操作步骤

1. 试样的预处理

（1）蔬菜、水果　将新鲜蔬菜、水果试样用自来水洗净后，用水冲洗，晾干后，取可食部切碎混匀。将切碎的样品用四分法取适量，用食物粉碎机制成匀浆，备用。如需加水应记录加水量。

（2）粮食及其他植物样品　除去可见杂质后，取有代表性试样50～100g，粉碎后过0.30mm孔筛，混匀，备用。

（3）肉类、蛋、水产及其制品　用四分法取适量或取全部，用食物粉碎机制成匀浆，备用。

（4）乳粉、豆奶粉、婴儿配方乳粉等固态乳制品（不包括干酪）　将试样装入能够容纳2倍试样体积的带盖容器中，通过反复摇晃和颠倒容器使样品充分混匀直到使试样均一化。

（5）发酵乳、乳、炼乳及其他液体乳制品　通过搅拌或反复摇晃和颠倒容器使试样充分混匀。

（6）干酪　取适量的样品研磨成均匀的泥浆状。为避免水分损失，研磨过程中应避免产生过多的热量。

2. 提取

（1）干酪　称取试样2.5g（精确至0.001g），置于150mL具塞锥形瓶中，加水80mL，摇匀，超声30min，取出放置至室温，定量转移至100mL容量瓶中，加入3%乙酸溶液2mL，加水稀释至刻度，混匀。于4℃放置20min，取出放置至室温，溶液经滤纸过滤，滤液备用。

（2）液体乳样品　称取试样90g（精确至0.001g），置于250mL具塞锥形瓶中，加12.5mL饱和硼砂溶液，加入70℃左右的水约60mL，混匀，于沸水浴中加热15min，取出置冷水浴中冷却，并放置至室温。定量转移上述提取液至200mL容量瓶中，加入5mL 106g/L亚铁氰化钾溶液，摇匀，再加入5mL 220g/L乙酸锌溶液，以沉淀蛋白质。加水至刻度，摇匀，放置30min，除去上层脂肪，上清液用滤纸过滤，滤液备用。

（3）乳粉　称取试样10g（精确至0.001g），置于150mL具塞锥形瓶中，加12.5mL 50g/L饱和硼砂溶液，加入70℃左右的水约150mL，混匀，于沸水浴中加热15min，取出置冷水浴中冷却，并放置至室温。定量转移上述提取液至200mL容量瓶中，加入5mL 106g/L亚铁氰化钾溶液，摇匀，再加入5mL 220g/L乙酸锌溶液，以沉淀蛋白质。加水至刻度，摇匀，放置30min，除去上层脂肪，上清液用滤纸过滤，弃去初滤液30mL，滤液备用。

（4）其他样品　称取5g（精确至0.001g）匀浆试样（如制备过程中加水，应按加水量折算），置于250mL具塞锥形瓶中，加12.5mL 50g/L饱和硼砂溶液，加入70℃左右的水约150mL，混匀，于沸水浴中加热15min，取出置冷水浴中冷却，并放置至室温。定量转移上述提取液至200mL容量瓶中，加入5mL 106g/L亚铁氰化钾溶液，摇匀，再加入5mL 220g/L乙酸锌溶液，以沉淀蛋白质。加水至刻度，摇匀，放置30min，除去上层脂肪，上清液用滤纸过滤，弃去初滤液30mL，滤液备用。

3. 亚硝酸盐的测定

吸取40.0mL上述滤液于50mL带塞比色管中，另吸取0，0.20，0.40，0.60，0.80，1.00，1.50，2.00，2.50mL亚硝酸钠标准使用液（相当于0，1.0，2.0，3.0，4.0，5.0，7.5，10.0，12.5μg亚硝酸钠），分别置于50mL带塞比色管中。于标准管与试样管中分别加入2mL对氨基苯磺酸溶液，混匀，静置3～5min后各加入1mL盐酸萘乙二胺溶液，加水至刻度，混匀，静置15min，用2cm比色杯，以零管调节零点，于波长538nm处测吸光度，绘制标准曲线比较。同时做试剂空白。

4. 硝酸盐的测定

（1）镉柱还原

①先以25mL氨缓冲液的稀释液冲洗镉柱，流速控制在3～5mL/min（以滴定管代替的可控制在2～3mL/min）。

②吸取20mL滤液于50mL烧杯中，加5mL pH9.6～9.7氨缓冲溶液，混合后注入贮液漏斗，使流经镉柱还原，当贮液杯中的样液流尽后，加15mL水冲洗烧杯，再倒入贮液杯中。冲洗水流完后，再用15mL水重复1次。当第2次冲洗水快流尽时，将贮液杯装满水，以最大流速过柱。当容量瓶中的洗提液接近100mL时，取出容量瓶，用水定容刻度，混匀。

（2）亚硝酸钠总量的测定　吸取10～20mL还原后的样液于50mL比色管中。以下按3. 亚硝酸盐的测定自“吸取0，0.20，0.40，0.60，0.80，1.00，1.50，2.00，2.50mL……”起操作。

（五）结果计算

（1）亚硝酸盐含量计算　亚硝酸盐（以亚硝酸钠计）的含量按式（2－28）计算。

$$X_1 = \frac{m_2 \times V_2}{m_3 \times V_1} \times \frac{1000}{1000} \qquad (2-28)$$

式中　X_1——试样中亚硝酸钠的含量，mg/kg；

m_2——测定用样液中亚硝酸钠的质量，g；

m_3——试样质量，μg；

V_1——测定用样液体积，mL；

V_2——试样处理液总体积，mL；

1000——转换系数。

结果保留两位有效数字。

（2）硝酸盐含量的计算　硝酸盐（以硝酸钠计）的含量按式（2－29）计算：

$$X_2 = \left[\frac{m_4 \times 1000}{m_5 \times (V_3/V_2) \times (V_5/V_4) \times 1000} - X_1\right] \times 1.232 \qquad (2-29)$$

式中　X_2——试样中硝酸钠的含量，mg/kg；

m_4——经镉粉还原后测得总亚硝酸钠的质量，μg；

1000——转换系数；

m_5——试样的质量，g；

V_3——测总亚硝酸钠的测定用样液体积，mL；

V_2——试样处理液总体积，mL；

V_5——经镉柱还原后样液的测定用体积，mL；

V_4——经镉柱还原后样液总体积，mL；

X_1——由式（2-28）计算出的试样中亚硝酸钠的含量，mg/kg；

1.232——亚硝酸钠换算成硝酸钠的系数。

结果保留两位有效数字。

（六）注意事项

蔬菜、腌菜类食品中硝酸盐含量较高，可根据样品中硝酸盐的实际含量，将样品溶液稀释至适当浓度。

思考题

1. 硝酸盐和亚硝酸盐的测定方法有哪些差异？彼此又有什么关系？
2. 还有哪些方法可以测定食品中的硝酸盐和亚硝酸盐含量？

实验四 食品中二氧化硫的测定

（一）实验目的

1. 熟悉食品中二氧化硫添加限量标准。
2. 掌握食品中二氧化硫测定的基本方法。
3. 理解食品中二氧化硫测定的原理。

（二）实验原理

食品中添加的二氧化硫一般以两种形式存在，一种以二氧化硫气体，一种以结合态亚硫酸盐的形式存在。在密闭的容器中对样品进行酸化并加热蒸馏，以释放出其中的二氧化硫，蒸馏物用乙酸铅溶液吸收。乙酸铅吸收后用盐酸进行酸化，用碘标准溶液滴定，根据所消耗的碘标准溶液量计算出样品中的二氧化硫含量。

（三）器材与试剂

1. 实验仪器

（1）全玻璃蒸馏器 500mL，或等效的蒸馏设备。

（2）酸式滴定管 25mL 或 50mL。

（3）剪切式粉碎机。

（4）碘量瓶 500mL。

2. 实验试剂

（1）盐酸。

（2）硫酸。

（3）可溶性淀粉。

（4）氢氧化钠。

（5）碳酸钠。

（6）乙酸铅。

（7）硫代硫酸钠或无水硫代硫酸钠。

（8）碘。

（9）碘化钾。

3. 试剂配制

（1）盐酸溶液（50%） 量取50mL盐酸，缓缓倾入50mL水中，边加边搅拌。

（2）硫酸溶液（10%） 量取10mL硫酸，缓缓倾入90mL水中，边加边搅拌。

（3）淀粉指示液（10g/L） 称取1g可溶性淀粉，用少许水调成糊状，缓缓倾入100mL沸水中，边加边搅拌，煮沸2min，放冷备用，临用现配。

（4）乙酸铅溶液（20g/L） 称取2g乙酸铅，溶于少量水中并稀释至100mL。

4. 标准溶液配制

（1）硫代硫酸钠标准溶液（0.1mol/L） 称取25g含结晶水的硫代硫酸钠或16g无水硫代硫酸钠溶于1000mL新煮沸放冷的水中，加入0.4g氢氧化钠或0.2g碳酸钠，摇匀，贮存于棕色瓶内，放置两周后过滤，用重铬酸钾标准溶液标定其准确浓度。或购买有证书的硫代硫酸钠标准溶液。

（2）碘标准溶液［c（$1/2I_2$）=0.10mol/L］ 称取13g碘和35g碘化钾，加水约100mL，溶解后加3滴盐酸，用水稀释至1000mL，过滤后转入棕色瓶。使用前用硫代硫酸钠标准溶液标定。

（3）重铬酸钾标准溶液［c（$1/6K_2Cr_2O_7$）=0.1000mol/L］ 准确称取4.9031g已于(120±2)℃电烘箱中干燥至恒重的重铬酸钾，溶于水并转移至1000 mL容量瓶中，定容至刻度。或购买有证书的重铬酸钾标准溶液。

（4）碘标准溶液［c（$1/2I_2$）=0.01000mol/L］ 将0.1000mol/L碘标准溶液用水稀释10倍。

5. 实验材料

果脯、干菜、米粉、粉条、食用菌等。

（四）操作步骤

（1）样品制备 取果脯、干菜、米粉类、粉条和食用菌等食品剪成适当小块，再用剪切式粉碎机剪碎，搅均匀，备用。

（2）样品蒸馏 称取5g切分好的试样（精确至0.001g），液体样品可直接吸取5.00~10.00mL样品，置于蒸馏烧瓶中。加入250mL水，装上冷凝装置，冷凝管下端插入预先备有25mL乙酸铅吸收液的碘量瓶的液面下，然后在蒸馏瓶中加入10 mL盐酸溶液，立即盖塞，加热蒸馏。当蒸馏液约200mL时，使冷凝管下端离开液面，再蒸馏1min。用少量蒸馏水冲洗插入乙酸铅溶液的装置部分。同时做空白试验。

（3）滴定 向取下的碘量瓶中依次加入10mL盐酸、1mL淀粉指示液，摇匀之后用碘标准溶液滴定至溶液颜色变蓝且30s内不褪色为止，记录消耗的碘标准滴定溶液体积。

（五）结果计算

试样中二氧化硫的含量按式（2-30）计算。

$$X = \frac{(V - V_0) \times 0.032 \times c \times 1000}{m} \tag{2-30}$$

式中　X——试样中二氧化硫总含量（以 SO_2计），g/kg 或 g/L；

V——滴定样品所用的碘标准溶液体积，mL；

V_0——空白试验所用的碘标准溶液体积，mL；

0.032——1mL 碘标准溶液［c（$1/2I_2$）=1.0mol/L］相当于二氧化硫的质量，g；

c——碘标准溶液浓度，mol/L；

m——试样质量或体积，g 或 mL。

计算结果以重复性条件下获得的两次独立测定结果的算术平均值表示，当二氧化硫含量≥1g/kg（或 1g/L）时，结果保留三位有效数字；当二氧化硫含量<1g/kg（或 1g/L）时，结果保留两位有效数字。

（六）注意事项

1. 果脯、干菜、米粉、粉条等体积都比较大，因此需要剪成小块，再粉碎。

2. 当取 5g 固体样品时，方法的检出限为 3.0mg/kg，定量限为 10.0mg/kg；当取 10mL 液体样品时，方法的检出限为 1.5mg/L，定量限为 5.0mg/L。

思考题

测定中两次酸化的目的是什么？

第五节　食品中有害物质的分析检测

实验一　水产品中甲醛的测定

（一）实验目的

1. 掌握分光光度法测定水产品中甲醛含量的原理和方法。

2. 熟悉分光光度计和蒸馏液冷凝接收设备的使用方法。

（二）实验原理

水产品中的甲醛在磷酸介质中经水蒸气加热蒸馏，冷凝后经水溶液吸收，蒸馏液与乙酰丙酮反应，生成黄色的二乙酰基二氢二甲基吡啶，用分光光度计在 413nm 处可比色定量。

（三）器材与试剂

1. 实验仪器

分光光度计（波长 360～800nm）、蒸馏液冷凝装置、圆底烧瓶、组织捣碎机、恒温水浴锅。

2. 实验试剂

（1）磷酸溶液（10%）　量取 100mL 磷酸，加到 900mL 水溶液中，混匀。

（2）乙酸铵－乙酰丙酮溶液　称取乙酸铵25g，溶于100mL蒸馏水中，加冰乙酸3mL和乙酰丙酮0.4mL，混匀，贮存于棕色瓶中，在2～8℃冰箱中可保存一个月。

（3）0.1mol/L碘溶液　称取40g碘化钾，溶于25mL水中，加入12.7g碘，待碘完全溶解后，加水定容至1000mL，移入棕色瓶中，暗处贮存。

（4）1mol/L氢氧化钠溶液。

（5）硫酸溶液（10%）。

（6）0.1mol/L硫代硫酸钠标准溶液。

（7）5g/L淀粉溶液　此溶液应实验当日配制。

（8）甲醛标准储备液　吸取0.3mL质量分数为36%～38%的甲醛溶液于100mL容量瓶中，加水稀释至刻度，冷藏保存两周。

（9）甲醛标准溶液（5μg/mL）　根据甲醛标准储备液的浓度，精密吸取适量于100mL容量瓶中，用水定容至刻度，配制甲醛标准溶液，混匀备用，此溶液应当日配制。

（四）操作步骤

1. 样品处理

首先采用组织捣碎机将食品样品捣碎，取10.00g捣碎后的食品样品，将其加入250mL的圆底烧瓶之中，之后向烧瓶中加入蒸馏水20mL，采用玻璃棒将样品溶液搅匀，静置30min左右，再向样品溶液中加入磷酸溶液10mL（磷酸∶水＝1∶9），之后迅速对样品溶液进行蒸馏处理，蒸馏液冷凝接收设备中事先加入蒸馏水20mL，并且蒸馏液冷凝接收设备事先已经放进恒温水浴锅之中，收集200mL样品溶液蒸馏液，同时进行空白试验。

2. 甲醛标准储备液的标定

精确吸取甲醛标准储备液10.00mL，置于250mL碘量瓶中，加入25.00mL 0.1mol/L碘溶液，7.50mL 1mol/L氢氧化钠溶液，放置15min；再加入10.00mL（10%）硫酸，放置15min；用浓度为0.1mol/L的硫代硫酸钠标准溶液滴定，当滴定至淡黄色时，加入1.00mL 5g/L淀粉指示剂，继续滴定至蓝色消失，记录所用硫代硫酸钠体积V_1。同时用水作试剂空白滴定，记录空白滴定所用硫代硫酸钠体积V_0。

甲醛标准储备液的浓度用式（2－31）计算：

$$X_1 = (V_0 - V_1) \times c \times 15 \times \frac{1000}{10} \quad (2-31)$$

式中　X_1——甲醛标准储备液中甲醛的浓度，mg/L；

V_0——空白滴定消耗硫代硫酸钠标准溶液的体积数，mL；

V_1——滴定甲醛消耗硫代硫酸钠标准溶液的体积数，mL；

c——硫代硫酸钠溶液准确的物质的量浓度，mol/L；

15——1mL 1mol/L碘相当于甲醛的量，mg；

10——所用甲醛标准储备液的体积，mL。

3. 绘制工作曲线

精确吸取5μg/mL甲醛标准液0，2.0，4.0，6.0，8.0，10.0mL于20mL比色管中，加水至10mL；加入1mL乙酸铵－乙酰丙酮溶液，混合均匀，分别放入沸水浴之中，持续加热10min左右，之后将溶液取出冷却，最后将溶液均置于413nm波长处，采取1cm比色皿，检测吸光度，绘制工作曲线。

4. 样品测定

吸取1~10mL的甲醛蒸馏液，加入蒸馏水定容到10mL，之后加入乙酰丙酮溶液1mL，充分混匀后将其放入沸水浴中，持续加热10min之后取出冷却，同样置于413nm波长处，采取1cm比色皿，检测吸光度。

（五）结果计算

试样中甲醛的含量按式（2-32）计算：

$$X_2 = \frac{\rho_2 \times 10 \times 200}{m_2 \times V_2} \tag{2-32}$$

式中 X_2——水产品中甲醛含量，mg/kg；

ρ_2——查曲线结果，μg/mL；

10——显色溶液的总体积，mL；

m_2——样品质量，g；

V_2——样品测定取蒸馏液的体积，mL；

200——蒸馏液总体积，mL。

（六）注意事项

进行标定的过程中的淀粉溶液和甲醛标准液都需要当日配制。

思考题

查阅资料，了解食品中甲醛的其他快速定性测定方法。

实验二 食品中龙葵碱的测定

（一）实验目的

1. 了解马铃薯中龙葵碱的来源，掌握龙葵碱的测定原理。
2. 熟悉龙葵碱的测定方法。

（二）实验原理

龙葵碱不溶于水、乙醚和石油醚，可溶于甲醇、乙醇、戊醇、丙酮等。对碱较稳定，pH>8时沉淀。经稀酸水解后，可生成茄啶和相应的糖（包括葡萄糖、鼠李糖和半乳糖）。在稀硫酸性环境下，与酸反应生成茄啶。茄啶在酸性环境中与甲醛溶液作用生成橙红色化合物，在一定范围内，颜色的深浅与茄啶含量成正比，可用分光光度计在520nm处测定。

（三）器材与试剂

1. 实验仪器

（1）磁力搅拌器。

（2）水浴锅。

（3）脂肪提取器。

（4）紫外分光光度计。

（5）圆底烧瓶。

（6）直形冷凝管。

（7）电子天平。

（8）组织捣碎机。

（9）植物样品微粒粉碎机。

2. 实验试剂及配制

龙葵碱标准品、95%乙醇、浓氨水、浓硫酸、冰乙酸、1%硫酸、5%硫酸、1%甲醛。

（1）1%硫酸　量取5.57mL浓硫酸，缓缓注入冷水中，于1000mL容量瓶中定容，摇匀。

（2）5%硫酸　量取35.7mL浓硫酸，缓缓注入冷水中，于1000mL容量瓶中定容，摇匀。

（3）1%甲醛　量取25mL的甲醛，加入冷水中，于1000mL容量瓶中定容，摇匀。

（4）1%氨水　量取45.5mL的浓氨水，加入冷水中，于1000mL容量瓶中定容，摇匀。

3. 实验材料

发芽马铃薯。

（四）操作步骤

1. 提取分离

（1）乙醇法　称取20g的马铃薯鲜样品，将样品和几个玻璃珠（防止加热沸腾）放置于250mL的圆底烧瓶中，添加100mL的95%乙醇，将圆形烧瓶连接直形冷凝管，放置于水浴锅，调节温度为85～95℃，水浴4h。冷却，过滤取滤液，回收乙醇近干，然后将剩余的乙醇倒入蒸发皿中，将乙醇蒸干。用30mL的5%硫酸溶解剩余物，过滤，收取滤液，加入浓氨水调节pH为10～10.5，冷却，放置于冰箱过夜。4℃，5000r/min离心，去上清液，用1%氨水洗涤，再离心，洗涤，至洗涤液澄清，离心，取沉淀即得粗样品。

（2）乙醇－乙酸法　称取2g烘干的马铃薯鲜样品，加100mL乙醇和3mL乙酸，磁力搅拌器搅拌15min，过滤。滤液装入索氏脂肪抽提器的称脂瓶，滤渣用滤纸包住，放入索氏提取器的滤纸筒内，水浴抽提16h后，回收乙醇近干，然后将剩余的乙醇倒入蒸发皿中，将乙醇蒸干。用30mL的5%硫酸溶解剩余物，过滤，收取滤液，加入浓氨水调节pH为10～10.5，冷却，放置于冰箱过夜。4℃，5000r/min离心，去上清液，用1%氨水洗涤，再离心，洗涤，至洗涤液澄清，离心，取沉淀即得粗样品。

2. 测定方法

（1）龙葵碱标准溶液的制备　精确称取0.0500g龙葵碱，加入1%硫酸溶液溶解，移入50mL容量瓶中，加入1%硫酸溶液至刻度，摇匀。此溶液每毫升含龙葵碱1mg。标准曲线的制作：取0，0.2，0.4，0.6，0.8，1.0mL标准溶液以1%硫酸稀释到2mL，置冰浴中逐渐加入5mL 1%硫酸（宜于3min以上时间滴完），放置1min，然后置冰浴中滴加2.5mL 1%甲醛（在2min以上时间滴完），放置90min后，于520nm波长测定吸光度。

（2）样品的测定　将提取的粗样品用1%硫酸溶解，定容到10mL。取2mL的样品溶液，与标准曲线的制备同样操作，先预测其大概浓度，再以1%硫酸调节样品浓度，使之每毫升在0.2mg以下，取2mL按标准曲线制备项下操作，于520nm波长测定吸光度，计算含量。

（五）计算结果

马铃薯中龙葵碱含量按式（2－33）计算。

$$X = \frac{\rho \times V \times 50}{m} \qquad (2-33)$$

式中　X——样品中所含龙葵碱的量，mg/100g；

ρ——测定结果相应的龙葵碱的标准浓度，mg/mL；

V——样品提取之后定容总体积，mL；

m——样品量，g。

（六）注意事项

龙葵碱主要存在于发芽的马铃薯中。

思考题

比较两种提取方法测定龙葵碱的结果差异。

实验三　黄曲霉毒素的测定

一、薄层色谱法

（一）实验目的

1. 掌握薄层色谱法检测食品中黄曲霉毒素的基本方法和操作要点。
2. 了解黄曲霉毒素对人体的危害。

（二）实验原理

样品经提取、浓缩、薄层分离后，黄曲霉毒素 M_1 与黄曲霉毒素 B_1 在紫外光（波长365nm）下产生蓝紫色荧光，根据其在薄层上显示荧光的最低检出量来测定含量。

（三）器材与试剂

1. 实验仪器

（1）圆目孔筛。

（2）小型粉碎机。

（3）玻璃板　5cm×20cm。

（4）展开槽　长25cm，宽6cm，高4cm。

（5）紫外光灯　100～125W，带365nm滤光片。

（6）微量注射器。

2. 实验试剂

（1）甲醇　分析纯。

（2）石油醚　分析纯，沸程30～60℃。

（3）无水乙醚　如果不是无水乙醚，应脱水后再使用。

（4）正己烷。

（5）苯。

（6）丙酮。

（7）三氯甲烷　分析纯。

（8）无水硫酸钠　分析纯。

（9）异丙醇　分析纯。

（10）硅胶 G　层析用。

（11）氯化钠及氯化钠溶液（40g/L）。

（12）硫酸（25%）。

（13）玻璃砂　用酸处理后洗净干燥，约相当 20 目。

（14）黄曲霉毒素 M_1 标准溶液　用三氯甲烷配制成每毫升相当于 10μg 的黄曲霉毒素 M_1 标准溶液。以三氯甲烷作空白试剂，黄曲霉毒素 M_1 的紫外最大吸收峰的波长应接近 357nm，摩尔消光系数为 19950。避光，置于 4℃ 冰箱中保存。

（15）黄曲霉毒素 M_1 与黄曲霉毒素 B_1 混合标准使用液　用三氯甲烷配制成每毫升相当于各含 0.04μg 黄曲霉毒素 M_1 与黄曲霉毒素 B_1。避光，置于 4℃ 冰箱中保存。

（四）操作步骤

1. 样品提取

样品提取制备表，见表 2-19。

表 2-19　食品中黄曲霉毒素测定试样制备

样品名称	称样量/g	加水量/mL	加甲醇量/mL	提取液量 α/mL	加 40g/L 氯化钠溶液量/mL	浓缩体积/mL	滴加体积/μL	方法灵敏度/(μg/kg)
牛乳	30	0	90	62	25	0.4	100	0.1
炼乳	30	0	90	52	35	0.4	50	0.2
牛乳粉	15	20	90	59	28	0.4	40	0.5
干酪	15	5	90	56	31	0.4	40	0.5
奶油	10	45	55	80	0	0.4	40	0.5
猪肝	30	0	90	59	28	0.4	50	0.2
猪肾	30	0	90	61	26	0.4	50	0.2
猪瘦肉	30	0	90	58	29	0.4	50	0.2
猪血	30	0	90	61	26	0.4	50	0.2

（1）乳与炼乳　称取 30.00g 混匀的样品，置于小烧杯中，再分别用 90mL 甲醇移入 300mL 具塞锥形瓶中，盖严防漏。振荡 30min，用折叠式快速滤纸滤于 100mL 具塞量筒中。按表 2-19 收集 62mL 乳与 52mL 炼乳（各相当于 16g 样品）提取液。

（2）乳粉　取 15.00g 样品，置于具塞锥形瓶中，加入 20mL 水，使样品湿润后再加入 90mL 甲醇，振荡 30min，用折叠式快速滤纸滤于 100mL 具塞量筒中。按表 2-19 收集 59mL 提取液（相当于 8g 样品）。

（3）干酪　称取 15.00g 切细、过 10 目圆孔筛混匀样品，置于具塞锥形瓶中，加 5mL 水和

90mL 甲醇，振荡 30min，用折叠式快速滤纸滤于 100mL 具塞量筒中。按表 2-19 收集 56mL 提取液（相当于 8g 样品）。

（4）奶油 称取 10.00g 样品，置于小烧杯中，用 40mL 石油醚将奶油溶解并移入具塞锥形瓶中。加 45mL 水和 55mL 甲醇，振荡 30min 后，将全部液体移入分液漏斗中。再加入 1.5g 氯化钠摇动溶解，待分层后，按表 2-19 收集 80mL 提取液（相当于 8g 样品）于具塞量筒中。

（5）新鲜猪组织 取新鲜或冷冻保存的猪组织样品（包括肝、肾、血、瘦肉），先切细，混匀后称取 30.00g，置于小乳钵中，加少许玻璃砂磨细，新鲜全血用打碎机打匀，或用玻璃珠振摇抗凝。混匀后称取 30.00g，将各样品置于 300mL 具塞锥形瓶中，加入 90mL 甲醇，振荡 30min，用折叠式快速滤纸滤于 100mL 具塞量筒中。按表 2-19 收集 59mL 猪肝、61mL 猪肾、58mL 猪瘦肉及 61mL 猪血等提取液（各相当于 16g 样品）。

2. 净化

（1）用石油醚分配净化 将以上收集的提取液移入 250mL 分液漏斗中，再根据测定样品的不同加入一定体积的氯化钠溶液（40g/L）（表 2-19）。再加入 40mL 石油醚，振摇 2min，待分层后，将下层甲醇-氯化钠水层移入原量筒中，将上层石油醚溶液从分液漏斗上口倒出，弃去。再将量筒中溶液转移至原分液漏斗中。再重复用石油醚提取两次，每次 30mL，最后将量筒中溶液仍移入分液漏斗中。奶油样液总共用石油醚提取两次，每次 40mL。

（2）用三氯甲烷分配提取 于原量筒中加入 20mL 三氯甲烷，摇匀后，再倒入原分液漏斗中，振摇 2min。待分层后，将下层三氯甲烷移入原量筒中，再重复用三氯甲烷提取两次，每次 10mL 合并于原量筒中。弃去上层甲醇水溶液。

（3）用水洗三氯甲烷层与浓缩制备 将合并后的三氯甲烷层倒回原分液漏斗中，加入 30mL 氯化钠溶液（40g/L），振摇 30s，静置。待上层浑浊液有部分澄清时，即可将下层三氯甲烷层收集于原量筒中。加入 10g 无水硫酸钠，振摇放置澄清后，将此液经装有少许无水硫酸钠的定量慢速滤纸过滤于 100mL 蒸发皿中。氯化钠水层用 10mL 三氯甲烷提取一次，并经过滤器一并滤于蒸发皿中。最后将无水硫酸钠也一起倒于滤纸上，用少量三氯甲烷洗量筒与无水硫酸钠，也一并滤于蒸发皿中，于 65℃ 水浴上通风挥干，用三氯甲烷将蒸发皿中残留物转移至浓缩管中，蒸发皿中残渣太多，则经滤纸滤入浓缩管中。于 65 ℃ 用减压吹气法将此液浓缩至 0.4mL 以下，再用少量三氯甲烷洗管壁后，浓缩定量至 0.4mL 备用。

3. 测定

（1）硅胶 G 薄层板的制备 薄层板厚度为 0.3mm，105℃ 活化 2h，在干燥器内可保存 1～2d。

（2）点板 取薄层板（5cm×20cm）两块，距板下端 3cm 的基线上各滴加两点，在距第一与第二板的左边缘 0.8～1cm 处各滴加 10μL 黄曲霉毒素 M_1 与黄曲霉毒素 B_1 混合标准使用液，在距各板左边缘 2.8～3cm 处各滴加同一样液点（各种食品的滴加体积见表 2-19），在第二板的第 2 点上再滴加 10μL 黄曲霉毒素 M_1 与黄曲霉毒素 B_1 混合标准使用液。一般可将薄层板放在盛有干燥硅胶的层析槽内进行滴加，边加边用冷风机冷风吹干。

（3）展开

①横展：在槽内加入 15mL 事先用无水硫酸钠脱水的无水乙醚（每 500mL 无水乙醚中加 20g 无水硫酸钠）。将薄层板靠近标准点的长边置于槽内，展至板端后，取出挥干，再同上继续展开一次。

②纵展：将横展两次挥干后的薄层板再用异丙醇-丙酮-苯-正己烷-石油醚（沸程 60～

90℃）－三氯甲烷（5＋10＋10＋10＋10＋55）混合展开剂纵展至前沿距原点距离为10～12cm，取出挥干。

③横展：将纵展挥干后的板再用无水乙醚横展1～2次，展开方法同①。

4. 观察与评定结果

（1）在紫外光灯下将第一、二板相互比较观察，若第二板的第二点在黄曲霉毒素M_1与黄曲霉毒素B_1标准点的相应处出现最低检出量（黄曲霉毒素M_1与黄曲霉毒素B_1的比移值依次为0.25和0.43），而在第一板相同位置上未出现荧光点，则样品中黄曲霉毒素M_1与黄曲霉毒素B_1含量在其所定的方法灵敏度以下（表2－19）。

（2）如果第一板的相同位置上出现黄曲霉毒素M_1与黄曲霉毒素B_1的荧光点，则第二板第二点的样液点是否各与滴加的标准点重叠，如果重叠，再进行以下的定量与确证试验。

5. 稀释定量

样液中的黄曲霉毒素M_1与黄曲霉毒素B_1荧光点的荧光强度与黄曲霉毒素M_1与黄曲霉毒素B_1的最低检出量（0.0004μg）的荧光强度一致，则乳、炼乳、乳粉、干酪与奶油样品中黄曲霉毒素M_1与黄曲霉毒素B_1的含量依次为0.1，0.2，0.5，0.5，0.5μg/kg；新鲜猪组织（肝、肾、血、瘦肉）样品均为0.2μg/kg（见表2－19）。如样液中黄曲霉毒素M_1与黄曲霉毒素B_1的荧光强度比最低检出量强，则根据其强度逐一进行测定，估计减少滴加体积或经稀释后再滴加不同体积，直至样液点的荧光强度与最低检出量点的荧光强度一致为止。

6. 确证试验

在做完定性或定量的薄层板上，将要确证的黄曲霉毒素M_1和黄曲霉毒素B_1的点用大头针圈出。喷以硫酸溶液（1＋3），放置5min后，在紫外光灯下观察，若样液中黄曲霉毒素M_1和黄曲霉毒素B_1点与标准点一样均变为黄色荧光，则进一步确证检出的荧光点是黄曲霉毒素M_1和黄曲霉毒素B_1。

（五）计算结果

黄曲霉毒素M_1或黄曲霉毒素B_1的含量按式（2－34）进行计算：

$$X = 0.0004 \times \frac{V_1}{V_2} \times D \times \frac{1000}{m} \tag{2-34}$$

式中 X——黄曲霉毒素M_1或黄曲霉毒素B_1含量，μg/kg；

V_1——样液浓缩后体积，mL；

V_2——出现最低荧光样液的滴加体积，mL；

D——浓缩样液的总稀释倍数；

m——浓缩样液中所相当的试样质量，g；

0.0004——黄曲霉毒素M_1或黄曲霉毒素B_1的最低检出量，μg；

1000——换算系数。

（六）注意事项

1. 在黄曲霉毒素中，由于黄曲霉毒素B_1毒性大、含量多，且在一般情况下如未检查出黄曲霉毒素B_1，就不存在黄曲霉毒素B_2、黄曲霉毒素G_1等，故食品中污染的黄曲霉毒素含量常以黄曲霉毒素B_1为主要指标。

2. 黄曲霉毒素难溶于水、乙醚、石油醚及正己烷中，易溶于油、甲醇、丙酮、氯仿、苯、乙腈等有机溶剂中。提取时，根据黄曲霉毒素的性质可先用甲醇、氯仿等为提取溶剂。

3. 此法主要参考 GB5009.24—2010《食品中黄曲霉毒素 M_1 和 B_1 的测定》，但是此国标已经废止。因为此法较具有代表性，目的是让学生掌握简单常用的普及方法，故仍列在此书中。

思考题

1. 简述薄层色谱法检测食品中黄曲霉毒素的原理。
2. 黄曲霉毒素对人体有哪些危害？

二、 酶联免疫吸附筛查法

（一） 实验目的

1. 掌握酶联免疫吸附筛查法检测食品中黄曲霉毒素的基本方法和操作要点。
2. 了解黄曲霉毒素对人体的危害。

（二） 实验原理

试样中的黄曲霉毒素 B_1 用甲醇水溶液提取，经均质、涡旋、离心（过滤）等处理获取上清液。被辣根过氧化物酶标记或固定在反应孔中的黄曲霉毒素 B_1，与试样上清液或标准品中的黄曲霉毒素 B_1 竞争性结合特异性抗体。在洗涤后加入相应显色剂显色，经无机酸终止反应，于 450nm 或 630nm 波长下检测。样品中的黄曲霉毒素 B_1 与吸光度在一定浓度范围内呈反比。

（三） 器材与试剂

1. 实验仪器

（1）微孔板酶标仪　带 450nm 与 630nm（可选）滤光片。

（2）研磨机。

（3）振荡器。

（4）电子天平　感量 0.01g。

（5）离心机　转速≥6000r/min。

（6）快速定量滤纸　孔径 11μm。

（7）筛网　1~2mm 孔径。

（8）试剂盒所要求的仪器。

2. 实验试剂

（1）按照试剂盒说明书所述，配制所需溶液。

（2）所用商品化的试剂盒需按照试剂盒说明书 E 中所述方法验证合格后方可使用。

（四） 操作步骤

1. 样品提取

（1）液态样品（油脂和调味品）　取 100g 待测样品摇匀，称取 5.0g 样品于 50mL 离心管中，加入试剂盒所要求的提取液，按照试剂盒说明书所述方法进行检测。

（2）固态样品（谷物、坚果和特殊膳食用食品）　称取至少 100g 样品，用研磨机进行粉碎，粉碎后的样品过 1~2mm 孔径试验筛。取 5.0g 样品于 50mL 离心管中，加入试剂盒所要求提取液，按照试剂盒说明书所述方法进行检测。

2. 样品检测

按照酶联免疫试剂盒所述操作步骤对待测试样（液）进行定量检测。

3. 分析结果的表述

（1）酶联免疫试剂盒定量检测的标准工作曲线绘制　按照试剂盒说明书提供的计算方法或者计算机软件，根据标准品浓度与吸光度变化关系绘制标准工作曲线。

（2）待测液浓度计算　按照试剂盒说明书提供的计算方法以及计算机软件，将待测液吸光度代入标准曲线公式，计算待测液浓度（ρ）。

（五）计算结果

食品中黄曲霉毒素 B_1的含量按式（2－35）进行计算：

$$X = \frac{\rho \times V \times f}{m} \tag{2-35}$$

式中　X——试样中黄曲霉毒素 B_1的含量，μg/kg；

ρ——待测液中黄曲霉毒素 B_1 的浓度，μg/L；

V——提取液体积（固态样品为加入提取液体积，液态样品为样品和提取液总体积），L；

f——在前处理过程中的稀释倍数；

m——试样的质量，kg。

计算结果保留两位有效数字。

（六）注意事项

1. 每个试样称取两份进行平行测定，以其算术平均值为分析结果。其分析结果的相对误差应不大于20%。

2. 当称取谷物、坚果、油脂、调味品等样品5g时，方法检出限为1μg/kg，定量限为3μg/kg。当称取特殊膳食用食品样品5g时，方法检出限为0.1μg/kg，定量限为0.3μg/kg。

思考题

1. 简述酶联免疫吸附筛查法检测食品中黄曲霉毒素的原理。
2. 黄曲霉毒素对人体有哪些危害？

实验四　蔬菜中有机磷农药残留的测定

（一）实验目的

1. 了解气相色谱仪的结构、原理和操作方法。

2. 掌握利用气相色谱测定蔬菜中有机磷农药的方法。

（二）实验原理

蔬菜中残留的有机磷农药用有机溶剂提取，纯化、浓缩后，注入气相色谱仪，气化后在载气的携带下，于色谱柱中分离，当有机磷农药残留在火焰光度检测器的富氢火焰上燃烧时，以 HPO 碎片的形式，放射出波长为526nm 的特征光。这种光通过检测器的单色器将非特征光谱滤除后，由光电倍增管接收，转换成电信号，信号强度（峰高或峰面积）与农药残留的含量成正比。通过与标准品的峰面积或峰高比较，可以对样品中各有机磷农药残留实现定量分析。

（三）器材与试剂

1. 实验仪器

（1）气相色谱仪　附有火焰光度检测器（FPD）。

（2）电动振荡器。

（3）组织捣碎机。

（4）旋转蒸发仪。

2. 实验试剂

二氯甲烷（色谱纯）、丙酮（色谱纯）、硫酸钠、无水硫酸钠（700℃灼烧 4h 后备用）、正己烷、中性氧化铝（550℃灼烧 4h 备用）、助滤剂 Celite545。

3. 实验材料

蔬菜。

（四）实验步骤

1. 农药标准溶液的配制

分别准确称取有机磷农药标准品敌敌畏、乐果、马拉硫磷、对硫磷、甲拌磷、稻瘟净、倍硫磷、杀螟硫磷及虫螨磷，以二氯甲烷为溶剂，配制成 1.0mg/mL 的标准储备液，贮于冰箱（4℃）中。使用时根据各农药品种的仪器响应值和最小检测限，吸取不同量的标准储备液，用二氯甲烷稀释成混合标准使用液。

2. 试样的制备

取适量蔬菜擦净，去掉不可食部分后称取蔬菜试样，将蔬菜切成 $1cm^3$ 大小的小块。称取 50.00g 混匀的试样，置于 300mL 烧杯中，加入 50mL 水和 100mL 丙酮，用组织捣碎机提取 1～2min。匀浆液经铺有两层滤纸和 10g Celite545 的布氏漏斗减压抽滤。从滤液中分取 100mL 移至 500mL 分液漏斗中。

3. 净化

将 10～15 g 氯化钠加入上述滤液中，使其处于饱和状态。猛烈振摇 2～3min，静置 10min，使丙酮从水相中盐析出来，水相用 50mL 正己烷振摇 2min，再静置分层。将丙酮与正己烷提取液合并，经装有 20～30g 无水硫酸钠的玻璃漏斗脱水滤入 250mL 圆底烧瓶中，再以 40mL 正己烷分数次洗涤容器和无水硫酸钠。洗涤液也并入烧瓶中，用旋转蒸发器浓缩至 2mL，浓缩液定量转移到 5～25mL 容量瓶中，加正己烷定容至刻度。

4. 色谱参考条件

（1）色谱柱

①玻璃柱 2.6m×3mm（i. d），填装涂有 4.5% DC－200＋2.5% OV－17 的 Chromosorb W AW DMCS（80～100 目）的担体。

②玻璃柱 2.6m×3mm（i. d），填装涂有质量分数为 1.5% 的 QF－1 的 Chromosorb WAW DMCS（60～80 目）。

（2）气体流量　氮气 50mL/min、氢气 100mL/min、空气 50mL/min。

（3）温度　柱箱：240℃；汽化室：260℃；检测器：270℃。

5. 测定

吸取 2 ~ 5μL 混合标准液及试样净化液注入色谱仪中，以保留时间定性。以试样的峰高或峰面积与标准比较定量。

（五）结果计算

试样中有机磷农药残留量的质量浓度按式（2 – 36）进行计算：

$$X_i = \frac{A_i \times V_1 \times V_3 \times E_{si} \times 1000}{A_{si} \times V_2 \times V_4 \times m \times 1000} \qquad (2-36)$$

式中 X_i——i 组分有机磷农药的含量，mg/kg；

A_i——试样中 i 组分的峰面积，积分单位；

A_{si}——混合标准液中 i 组分的峰面积，积分单位；

V_1——试样提取液的总体积，mL；

V_2——净化用提取液的总体积，mL；

V_3——浓缩后的定容体积，mL；

V_4——进样体积，μL；

E_{si}——注入色谱仪中的 i 标准组分的质量，μg；

m——试样的质量，g；

1000——换算系数。

（六）注意事项

1. 本法采用毒性较小且价格较为便宜的二氯甲烷作为提取试剂，国际上多用乙腈作为有机磷农药的提取试剂及分配净化试剂，但其毒性较大。

2. 有些稳定性差的有机磷农药如敌敌畏因稳定性差且易被色谱柱中的担体吸附，故本法采用降低操作温度来克服上述困难。另外，也可采用缩短色谱柱至 1 ~ 1.3m 或减少固定液涂渍的厚度等措施来克服。

思考题

1. 本实验的气路系统包括哪些？各有何作用？
2. 简述电子捕获检测器及火焰光度检测器的原理及适用范围。
3. 如何检验该实验方法的准确度？如何提高检测结果的准确度？

实验五　乳制品中三聚氰胺的检测

（一）实验目的

1. 通过 HPLC 采用对比外标样品方法来确定样品中三聚氰胺的含量。

2. 熟悉高效液相色谱仪的操作步骤。

（二）实验原理

三聚氰胺（Melamine）（化学式 $C_3H_6N_6$），俗称密胺、蛋白精，IUPAC 命名为“1，3，5 –

三嗪-2，4，6-三胺”，是一种三嗪类含氮杂环有机化合物，被用作化工原料。它是白色单斜晶体，几乎无味，微溶于水（3.1g/L 常温），可溶于甲醇、甲醛、乙酸、热乙二醇、甘油、吡啶等，不溶于丙酮、醚类，对身体有害，不可用于食品加工，也不可用作食品添加剂。

本实验中，试样用三氯乙酸溶液-乙腈提取，经阳离子交换固相萃取净化后，用高效液相色谱测定，外标法定量。

（三）器材与试剂

1. 实验仪器

（1）高效液相色谱仪（HPLC）　配有紫外检测器或二极管阵列检测器。

（2）分析天平　感量为0.0001g 和0.01g。

（3）离心机　转速不低于4000r/min。

（4）超声波水浴。

（5）固相萃取装置。

（6）氮气吹干仪。

（7）漩涡混合器。

（8）具塞塑料离心管。

（9）研钵。

2. 实验试剂

（1）甲醇，色谱纯；乙腈，色谱纯；氨水（质量分数为25%～28%）；三氯乙酸；柠檬酸；辛烷磺酸钠，色谱纯。

（2）甲醇水溶液　准确量取50mL 甲醇和50mL 水，混匀后备用。

（3）三氯乙酸溶液（10g/L）　准确量取10g 三氯乙酸置于1L 容量瓶中，用水溶解并定容至刻度，混匀后备用。

（4）氨化醇溶液（体积分数5%）　准确量取5mL 氨水和95mL 甲醇，混匀后备用。

（5）离子对试剂缓冲液　准确称取2.10g 柠檬酸和2.16g 辛烷磺酸钠，加入980mL 的水溶液，调节 pH 至3.0 后定容至1L 备用。

（6）三聚氰胺标准品　CAS 108-78-01，纯度大于99.0%。

（7）三聚氰胺标准储备液　准确称取100mg（精确到0.1mg）三聚氰胺标准品于100mL 容量瓶中，用甲醇溶液溶解并定容至刻度，配制成质量浓度为1mg/mL 的标准储备液，于4℃避光保存。

（8）阳离子交换固相萃取柱　混合型阳离子交换固相萃取柱，基质为苯磺酸化的聚苯乙烯-二乙烯基苯高聚物（60mg），3mL 离子对缓冲液，或与之相当者。使用前依次用3mL 甲醇、5mL 水活化。

（9）定性滤纸。

（10）海砂　化学纯，粒度0.65～0.85mm，二氧化硅质量分数为99%。

（11）微孔滤膜　0.2μm，有机相。

（12）氮气　纯度≥99.999%。

（四）操作步骤

1. 试样的制备

（1）提取　精确称取乳粉2.00g 于50mL 具塞塑料离心管中，加入15mL 三氯乙酸溶液和5mL 乙腈，超声提取10min，再振荡提取10min 后，以不低于4000r/min 的转速离心10min。上清液经三氯乙酸溶液润湿的滤纸过滤后，用三氯乙酸溶液定容 25mL，移取 5mL 滤液，加入 5mL 水混匀后做待净化液。

（2）净化　将待净化液移至固相萃取柱中依次用 3mL 水和 3mL 甲醇洗涤至近干后，用 6mL 氨化甲醇溶液洗脱。整个固相萃取过程中流速不得超过 1mL/min。洗脱液于 50℃下用氮气吹干，残留物（相当于 0.4g 样品）用 1mL 流动相定容，涡旋混合 1min，过微孔滤膜后，供 HPLC 测定。

2. 高效液相色谱测定

（1）HPLC 参考条件

①色谱柱：C_8 柱，250mm × 4.6mm（i.d.），5μm，或相当者；C_{18} 柱，250mm × 4.6mm（i.d.），5μm，或相当者。

②流动相：C_8 柱，离子对试剂缓冲液 - 乙腈（85 + 15），混匀；C_{18} 柱，离子对试剂缓冲液 - 乙腈（90 + 10），混匀。

③流速：1.0mL/min。

④柱温：40℃。

⑤波长：240nm。

⑥进样量：20μL。

（2）标准曲线的绘制　用流动相将三聚氰胺标准储备液逐级稀释得到质量浓度为 0.8，2，20，40，80μg/mL 的标准工作液，浓度由低到高进样检测，以峰面积 - 浓度作图，得到标准曲线回归方程。基质匹配加标三聚氰胺的样品 HPLC 色谱图见图 2 - 9。

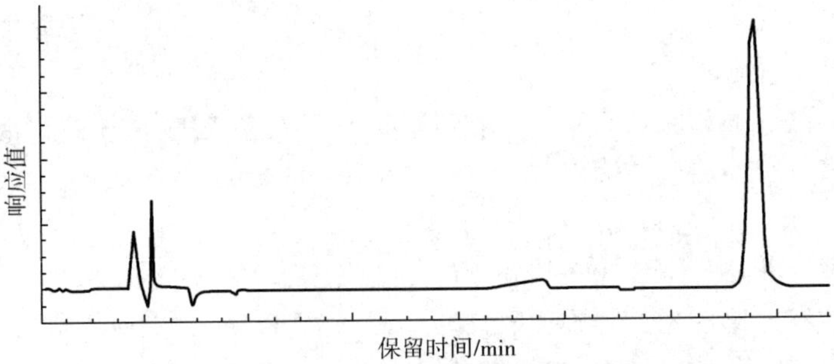

图 2 - 9　基质匹配加标三聚氰胺的样品 HPLC 色谱

（3）定量测定　待测样液中三聚氰胺的响应值应在标准曲线线性范围内，超过线性范围则应稀释后再进样分析。

（五）结果计算

试样中三聚氰胺含量按式（2 - 37）计算。

$$X = \frac{A \times c \times V}{A_s \times m} \times f \tag{2-37}$$

式中　X——试样中三聚氰胺的含量，mg/kg；

A——样液中三聚氰胺的峰面积，mm^2；

A_s——标准溶液中三聚氰胺的峰面积，mm^2；

c——标准溶液中三聚氰胺的质量浓度，μg/mL；

V——样液最终定容体积，mL；

m——试样的质量，g；

f——稀释倍数。

（六）注意事项

1. 本法的定量限为2mg/kg。
2. 空白实验，除不称取样品外，均按上述测定条件和步骤进行。
3. 在添加含量为2～10mg/kg，回收率在80%～110%，相对标准偏差小于10%。
4. 在重复性条件下获得的两次独立测定结果的绝对差值不得超过算术平均值的10%。

思考题

除了本法，乳制品中三聚氰胺的测定方法还有哪些？

实验六　食品中铅的测定

（一）实验目的

1. 理解食品中铅测定的原理。
2. 掌握食品中铅测定的操作方法。

（二）实验原理

试样消解处理后，经石墨炉原子化，在283.3nm处测定吸光度。在一定浓度范围内铅的吸光度值与铅含量成正比，与标准系列比较定量。

（三）器材与试剂

1. 实验仪器

（1）原子吸收光谱仪　配石墨炉原子化器，附铅空心阴极灯。

（2）分析天平　感量0.1mg和1mg。

（3）可调式电热炉。

（4）可调式电热板。

（5）微波消解系统　配聚四氟乙烯消解内罐。

（6）恒温干燥箱。

（7）压力消解罐　配聚四氟乙烯消解内罐。

（8）所有玻璃器皿及聚四氟乙烯消解内罐均需硝酸溶液（16.67%）浸泡过夜，用自来水反复冲洗，最后用水冲洗干净。

2. 试剂配制

（1）硝酸溶液（5%）　量取50mL硝酸，缓慢加入到950mL水中，混匀。

（2）硝酸溶液（10%）　量取50mL硝酸，缓慢加入到450mL水中，混匀。

（3）磷酸二氢铵－硝酸钯溶液　称取0.02g硝酸钯，加少量硝酸溶液（1+9）溶解后，再加入2g磷酸二氢铵，溶解后用硝酸溶液（5%）定容至100mL，混匀。

（4）标准品　硝酸铅［$Pb(NO_3)_2$］（纯度 >99.99%）。

（5）标准溶液配制

①铅标准储备液（1000mg/L）：准确称取 1.5985g（精确至 0.0001g）硝酸铅，用少量硝酸溶液（10%）溶解，移入 1000mL 容量瓶，加水至刻度，混匀。

②铅标准中间液（1.00mg/L）：准确吸取铅标准储备液（1000mg/L）1.00mL 于 1000mL 容量瓶中，加硝酸溶液（5%）至刻度，混匀。

③铅标准系列溶液：分别吸取铅标准中间液（1.00mg/L）0，0.50，1.00，2.00，3.00，4.00mL 于 100mL 容量瓶中，加硝酸溶液（5%）至刻度，混匀。此铅标准系列溶液的质量浓度分别为 0，5.00，10.0，20.0，30.0，40.0μg/L。

注：本实验用水除特殊说明外，均为二级水。

（四）操作步骤

1. 试样制备

（1）粮食、豆类样品　样品去除杂物后，粉碎，储于塑料瓶中。

（2）蔬菜、水果、鱼类、肉类等样品　样品用水洗净，晾干，取可食部分，制成匀浆，储于塑料瓶中。

（3）饮料、酒、醋、酱油、食用植物油、液态乳等液体样品　将样品摇匀。

2. 试样前处理

（1）湿法消解　称取固体试样 0.2 ~ 3g（精确至 0.001g）或准确移取液体试样 0.50 ~ 5.00mL 于带刻度消化管中，加入 10mL 硝酸和 0.5mL 高氯酸，在可调式电热炉上消解［参考条件：120℃/（0.5 ~ 1h）；升至 180℃/（2 ~ 4h）、升至 200 ~ 220℃］。若消化液呈棕褐色，再加少量硝酸，消解至冒白烟，消化液呈无色透明或略带黄色，取出消化管，冷却后用水定容至 10mL，混匀备用。同时做试剂空白试验。也可采用锥形瓶，于可调式电热板上，按上述操作方法进行湿法消解。

（2）微波消解　称取固体试样 0.2 ~ 0.8g（精确至 0.001g）或准确移取液体试样 0.500 ~ 3.00mL 于微波消解罐中，加入 5mL 硝酸，按照微波消解的操作步骤消解试样，消解条件见表 2 - 20。冷却后取出消解罐，在电热板上于 140 ~ 160℃ 赶酸至 1mL 左右。消解罐放冷后，将消化液转移至 10mL 容量瓶中，用少量水洗涤消解罐 2 ~ 3 次，合并洗涤液于容量瓶中并用水定容至刻度，混匀备用。同时做试剂空白试验。

表 2 - 20　微波消解升温程序

步骤	设定温度/℃	升温时间/min	恒温时间/min
1	120	5	5
2	160	5	10
3	180	5	10

（3）压力罐消解　称取固体试样 0.2 ~ 1g（精确至 0.001g）或准确移取液体试样 0.500 ~ 5.00mL 于消解内罐中，加入 5mL 硝酸。盖好内盖，旋紧不锈钢外套，放入恒温干燥箱，于 140 ~ 160℃ 下保持 4 ~ 5h。冷却后缓慢旋松外罐，取出消解内罐，放在可调式电热板上于 140 ~ 160℃ 赶酸至 1mL 左右。冷却后将消化液转移至 10mL 容量瓶中，用少量水洗涤内罐和内盖 2 ~

3 次，合并洗涤液于容量瓶中并用水定容至刻度，混匀备用。同时做试剂空白试验。

（五）结果计算

1. 仪器参考条件

根据各自仪器性能调至最佳状态。参考条件见表 2－21。

表 2－21 石墨炉原子吸收光谱法仪器参考条件

元素	波长/nm	狭缝/nm	灯电流/mA	干燥	灰化	原子化
铅	283.3	0.5	8～12	85～120 ℃/40～50s	750℃/20～30s	2300℃/4～5s

2. 标准曲线的制作

按质量浓度由低到高的顺序分别将 10μL 铅标准系列溶液和 5μL 磷酸二氢铵－硝酸钯溶液（可根据所使用的仪器确定最佳进样量）同时注入石墨炉，原子化后测其吸光度值，以质量浓度为横坐标，吸光度值为纵坐标，制作标准曲线。

3. 试样溶液的测定

在与测定标准溶液相同的实验条件下，将 10μL 空白溶液或试样溶液与 5μL 磷酸二氢铵－硝酸钯溶液（可根据所使用的仪器确定最佳进样量）同时注入石墨炉，原子化后测其吸光度值，与标准系列比较定量。

4. 分析结果的表述

试样中铅的含量按式（2－38）计算。

$$X = \frac{(\rho - \rho_0) \times V}{m \times 1000} \tag{2-38}$$

式中 X——试样中铅的含量，mg/kg 或 mg/L；

ρ——试样溶液中铅的质量浓度，μg/L；

ρ_0——空白溶液中铅的质量浓度，μg/L；

V——试样消化液的定容体积，mL；

m——试样称样量或移取体积，g 或 mL；

1000——换算系数。

当铅含量≥1.00mg/kg（或 mg/L）时，计算结果保留三位有效数字；当铅含量＜1.00mg/kg（或 mg/L）时，计算结果保留两位有效数字。

（六）注意事项

当称样量为 0.5g（或 0.5mL），定容体积为 10mL 时，方法的检出限为 0.02mg/kg（或 0.02mg/L），定量限为 0.04mg/kg（或 0.04mg/L）。

思考题

为什么所有玻璃器皿及聚四氟乙烯消解内罐均需硝酸溶液（16.67%）浸泡过夜，用自来水反复冲洗，最后用水冲洗干净？

实验七　油脂中丙二醛的测定

（一）实验目的

1. 掌握油脂过氧化的测定方法和操作步骤。

2. 了解油脂过氧化的原因及对油脂品质的影响。

（二）实验原理

油脂受到光、热、空气中氧的作用，发生酸败反应，分解出醛、酸之类的化合物。丙二醛（MDA）是脂质过氧化的降解产物之一，油脂中的丙二醛能与硫代巴比妥酸（TBA）作用生成粉红色化合物，测定其在532nm 波长处的吸光度值，与标准系列比较定量，能计算丙二醛含量，从而评价油脂酸败的程度。

（三）器材与试剂

1. 实验仪器

（1）分光光度计。

（2）天平　感量为0.0001g 和0.01g。

（3）恒温振荡器。

（4）恒温水浴锅。

2. 实验试剂

（1）三氯乙酸。

（2）乙二胺四乙酸二钠。

（3）硫代巴比妥酸（TBA）。

（4）标准品1，1，3，3 －四乙氧基丙烷（又名丙二醛乙缩醛，CAS 号：122 －31 －6）纯度≥97%。

3. 试剂配制

（1）三氯乙酸混合液　准确称取37.50g（精确至0.01g）三氯乙酸及0.50g（精确至0.01g）乙二胺四乙酸二钠，用水溶解，稀释至500mL。

（2）硫代巴比妥酸（TBA）水溶液　准确称取0.288g（精确至0.001g）硫代巴比妥酸溶于水中，并稀释至100mL（如不易溶解，可加热超声至全部溶解，冷却后定容至100mL），相当于0.02mol/L。

4. 标准溶液配制

（1）丙二醛标准储备液（100μg/mL）　准确移取0.315 g（精确至0.001g）1，1，3，3 －四乙氧基丙烷至1000mL 容量瓶中，用水溶解后稀释至1000mL，置于冰箱4℃储存。有效期3 个月。

（2）丙二醛标准使用溶液（1.00μg/mL）　准确移取丙二醛标准储备液1.0mL，用三氯乙酸混合液稀释至100mL，置于冰箱4℃储存。有效期2 周。

（3）丙二醛标准系列溶液　准确移取丙二醛标准使用液0.10，0.50，1.0，1.5，2.5mL 于10mL 容量瓶中，加三氯乙酸混合液定容至刻度，该标准溶液系列浓度为0.01，0.05，0.10，0.15，0.25μg/mL，现配现用。

（四）操作步骤

1. 试样制备

称取样品5g（精确到0.01g）置于100mL具塞锥形瓶中，准确加入50mL三氯乙酸混合液，摇匀，加塞密封，置于恒温振荡器上50℃振摇30min，取出，冷却至室温，用双层定量慢速滤纸过滤，弃去初滤液，续滤液备用。

2. 标准曲线的绘制和试样的测定

准确移取上述滤液和标准系列溶液各5mL分别置于25mL具塞比色管内，另取5mL三氯乙酸混合液作为样品空白，分别加入5mL硫代巴比妥酸（TBA）水溶液，加塞，混匀，置于90℃水浴内反应30min，取出，冷却至室温。

以样品空白调节零点，于532nm处1cm光径测定样品溶液和标准系列溶液的吸光度值，以标准系列溶液的质量浓度为横坐标，吸光度值为纵坐标，绘制标准曲线。试样浓度与标准系列比较定量。

（五）计算结果

试样中丙二醛含量按式（2-39）计算。

$$X = \frac{\rho \times V \times 1000}{m \times 1000} \tag{2-39}$$

式中 X——试样中丙二醛的含量，mg/kg；

ρ——从标准系列曲线中得到的试样溶液中丙二醛的浓度，μg/mL；

V——试样溶液定容体积，mL；

m——最终试样溶液所含有的试样质量，g；

1000——换算系数。

计算结果以重复性条件下获得的两次独立测定结果的算术平均值表示，结果保留两位有效数字。

（六）注意事项

1. 油样应避免阳光直射，并低温保存。
2. 在重复性条件下获得的两次独立测定结果的绝对差值不得超过算术平均值的10%。
3. 方法的检出限为0.05mg/kg（或0.05mg/L），定量限为0.10mg/kg（或0.10mg/L）。

思考题

1. 测定油脂丙二醛的原理是什么？
2. 油脂过氧化的原因及对油脂品质有何影响？

实验八 食品中生物胺的测定

（一）实验目的

1. 掌握高效液相色谱仪检测生物胺含量的操作方法。
2. 熟悉生物胺的成分及其对人体的影响。
3. 了解检测食品中生物胺的意义。

（二）实验原理

以1，7－二氨基庚烷为内标，以50g/L三氯乙酸为提取溶液，振摇提取，以正己烷去除脂肪，经过三氯甲烷－正丁醇（1:1）液液萃取净化后，以丹磺酰氯为衍生剂，60℃衍生30min，采用高效液相色谱仪的C_{18}柱分离，紫外检测器检测，内标法定量。

（三）仪器与试剂

1. 实验仪器

（1）高效液相色谱仪（HPLC）　配紫外检测器或二极管阵列检测器。

（2）离心机　转速≥6500r/min。

（3）组织均质仪。

（4）旋涡振荡器。

（5）水浴装置。

（6）氮气浓缩装置。

（7）电子天平。

（8）酸度计。

（9）超纯水器。

（10）0.22μm滤膜针头滤器。

2. 实验试剂

（1）甲醇　色谱纯。

（2）丙酮　色谱纯。

（3）乙醚　重蒸。

（4）正丁醇。

（5）三氯甲烷。

（6）正己烷　色谱纯。

（7）谷氨酸钠。

（8）碳酸氢钠。

（9）氯化钠。

（10）氢氧化钠。

（11）盐酸。

（12）三氯乙酸。

（13）丹磺酰氯。

3. 试剂配制

（1）丹磺酰氯衍生剂溶液　准确称取丹磺酰氯适量，以丙酮为溶剂配制浓度为10mg/mL的衍生剂使用液，置4℃冰箱避光贮存。

（2）50g/L三氯乙酸溶液　准确称取25g三氯乙酸于250mL烧杯中，用适量水完全溶解后转移至500mL容量瓶中，定容至刻度。

（3）1mol/L盐酸溶液　准确量取8.6mL盐酸于100mL容量瓶中，用水定容至刻度。

（4）0.1 mol/L盐酸溶液　准确量取1mol/L盐酸溶液10mL于100mL容量瓶中，用水定容至刻度。

（5）1mol/L氢氧化钠溶液　称取4g氢氧化钠，加入100mL水完全溶解。

（6）正丁醇－三氯甲烷（1＋1）混合溶液 分别量取相同体积的正丁醇和三氯甲烷混合均匀即可。

（7）饱和碳酸氢钠溶液 称取15g碳酸氢钠，加入100mL水溶解，取上清液即为饱和溶液。

（8）50mg/mL谷氨酸钠溶液 准确称取5.0g谷氨酸钠，用饱和碳酸氢钠溶液溶解并定容至100mL。

（9）含1%乙酸的0.01mol/L乙酸铵溶液 称取0.77g乙酸铵溶解于水中，转移至1000mL容量瓶中，加入10mL甲酸，用水定容至刻度。

（10）流动相A 量取100mL含1%乙酸的0.01mol/L乙酸铵溶液加入900mL乙腈。

（11）流动相B 量取900mL含1%乙酸的0.01mol/L乙酸铵溶液加入100mL乙腈。

4. 标准品

（1）组胺盐酸盐标准品 纯度>99%，计算时应折算掉盐酸盐，$GH_9N_3/CsH_9N_3 \cdot 2HCl = 155/184$。

（2）β－苯乙胺盐酸盐标准品 纯度>98%。

（3）酪胺盐酸盐标准品 纯度>98%，计算时应折算掉盐酸盐，$C_8H_{11}NO/C_8H_{11}NO \cdot HCl = 137/174$。

（4）腐胺盐酸盐标准品 纯度>98%。

（5）尸胺盐酸盐标准品 纯度>98%。

（6）色胺盐酸盐标准品 纯度>99%。

（7）精胺盐酸盐标准品 纯度>97%。

（8）亚精胺盐酸盐标准品 纯度>97%。

（9）章鱼胺盐酸盐标准品 纯度>97%。

（10）1，7二氨基庚烷内标标准品（纯度>98%）。

5. 标准溶液配制

标准溶液的配制浓度以各生物胺单体计算，称取标准品时应对其中的盐酸盐进行折算。所有标准溶液配制好后均需转移至密闭棕色容器中，避光贮存。

（1）生物胺标准储备溶液的配制 准确称取各种生物胺标准品适量，分别置于10mL容量瓶中，用0.1mol/L盐酸溶液稀释至刻度，搅匀，配制成浓度为1000mg/L（以各种生物胺单体计）的标准储备溶液，置4℃冰箱贮存。

（2）生物胺标准混合使用液的配制 分别吸取1.00mL各生物胺单组分标准储备溶液，置于同一个10mL容量瓶中，用0.1mol/L盐酸稀释至刻度，混匀，配制成生物胺标准混合使用液（100mg/L）。

（3）生物胺标准系列溶液配制 吸取0.10，0.25，0.50，1.00，1.50，2.50，5.00mL生物胺标准混合使用液（100mg/L），分别置于10mL容量瓶中，用0.1mol/L盐酸溶液稀释至刻度，混匀，使浓度分别为1.00，2.50，5.00，10.0，15.0，25.0，50.0mg/L。

（4）内标标准储备溶液的配制 准确称取内标物质适量，置于10mL容量瓶中，用0.1mol/L盐酸溶液稀释至刻度，混匀，配制成浓度为10mg/mL的内标标准储备溶液，置－20℃冰箱贮存。保存期为6个月。

（5）内标标准中间使用液的配制 吸收1.0mL内标标准储备溶液于10mL容量瓶中，用

0.1mol/L 盐酸稀释至刻度，混匀，作为内标使用液（1.0mg/mL），贮存期为3个月。

（6）内标标准使用液的配制　吸取1.0mL内标标准中间使用液于10mL容量瓶中，用0.1mol/L盐酸稀释至刻度，混匀，作为内标使用液（100mg/L），临用现配。

（四）操作步骤

1. 水产品和肉类

（1）试样制备　取水产品及肉类样品的可食部分约500g，充分均质，均分成两份装入洁净容器中，密封，于-20℃保存。

（2）提取　准确称取已经绞碎或匀浆后的水产品、肉类10g（精确至0.01g），置于100mL具塞锥形瓶中，加入500μL内标使用液（1.0mg/mL）与样品充分混匀，加入20mL 5%三氯乙酸溶液，振荡提取30min，转移至50mL具塞离心管中，5000r/min离心10min，转移上清液至50mL容量瓶中，残渣用20mL 5%三氯乙酸溶液再提取一次，合并上清液，用5%三氯乙酸稀释至刻度，待净化。

（3）净化

①除脂肪：移取上述试样提取液10mL于25 mL具塞试管中，加入0.5g氯化钠涡旋振荡至氯化钠完全溶解后加入10mL正己烷，涡旋振荡5min，静置分层后弃去上层有机相，下层试样溶液加入10mL正己烷再除脂一次。

②萃取：移取5mL上述除脂肪后的试样溶液于10mL具塞离心管中，用5mol/L氢氧化钠溶液（几滴）调节pH至12.0左右，加入5.0mL的正丁醇/三氯甲烷（1+1）混合溶液，涡旋振荡5min，5000r/min离心5min，转移上层有机相于另一个10mL具塞离心管中，下层样液再萃取一次，合并萃取液，用正丁醇/三氯甲烷（1+1）稀释至刻度。取5mL萃取液加入200μL盐酸（1mol/L），混匀后40℃水浴下氮气吹干，加入1mL盐酸（0.1mol/L）涡旋振荡，使残留物完全溶解，待衍生。

（4）衍生

①试样的衍生：在上述待衍生的试样溶液中依次加入1mL饱和碳酸氢钠溶液、100μL氢氧化钠溶液（1mol/L）、1mL衍生试剂，涡旋混匀1min后置于60℃恒温水浴中衍生15min，取出，分别加入100μL谷氨酸钠溶液，振荡混匀，60℃恒温反应15min。取出，冷却至室温，于每个离心管中加入1mL水，涡旋混合1min，40℃水浴下氮吹除去丙酮（约1mL），加入0.5 g氯化钠涡旋振荡至氯化钠完全溶解后加入5mL乙醚，涡旋振荡2min，静置分层后，吸出上层有机相（乙醚层），再萃取一次，合并乙醚萃取液，40℃水浴下氮气吹干。加入1mL乙腈涡旋振荡使残留物完全溶解，0.22μm滤膜针头滤器过滤于进样小瓶，待测定。

②标准溶液的衍生：分别移取1mL生物胺标准系列溶液，置于10mL具塞试管中，依次加入50μL内标使用液（100mg/L），以下操作同试样的衍生步骤。

2. 酒类及调味品（醋和酱油）

（1）试样的衍生　准确量取1.0mL样品于15mL塑料离心管中，依次加入250μL内标溶液（100mg/L）、1mL饱和碳酸氢钠溶液、100μL氢氧化钠溶液（1mol/L）、1mL衍生试剂，涡旋混匀1min后置于60℃恒温水浴锅中衍生15min，取出，分别加入100μL谷氨酸钠溶液，振荡混匀，60℃恒温反应15min，取出冷却至室温，于每个离心管中加入1mL超纯水，涡旋混合1min，40℃水浴下氮吹除去丙酮（约1mL），加入0.5g氯化钠涡旋振荡至完全溶解，再加入5mL乙醚，涡旋振荡2min，静置分层后，转移上层有机相（乙醚层）于15mL离心管中，水相

（下层）再萃取一次，合并两次乙醚萃取液。40℃水浴下氮气吹干。加入1mL乙腈振荡混匀，使残留物溶解，0.22μm滤膜针头滤器过滤，待测定。

（2）标准的衍生　同上述水产品和肉类的标准溶液的衍生。

3. 液相色谱参考条件

色谱柱为C_{18}柱（柱长250mm，柱内径4.6mm，柱填料粒径5μm），紫外检测波长254nm，进样量20μL，柱温35℃，流动相A为90%乙腈/10%（含0.1%乙酸的0.01mol/L乙酸铵溶液），流动相B为10%乙腈/90%（含0.1%乙酸的0.01 mol/L乙酸铵溶液），流速0.8mL/min。梯度洗脱程序见表2-22。

表2-22　梯度洗脱程序

组成	时间/min					
	0	22	25	32	32.01	37
流动相A/%	60	85	100	100	60	60
流动相B/%	40	15	0	0	40	40

4. 标准曲线的制作

（1）将20μL系列混合标准工作液的衍生液分别注入高效液相色谱仪，测得目标化合物的峰面积，以系列混合标准工作液的浓度为横坐标。以目标化合物的峰面积与内标的峰面积的比值为纵坐标，绘制标准曲线。

（2）试样溶液的测定　将试样的衍生溶液注入高效液相色谱仪中，测得峰面积，以保留时间定性。根据标准曲线得到待测液中各目标化合物的浓度。

（五）结果计算

试样中生物胺含量按式（2-40）计算：

$$X = \frac{\rho \times V \times f}{m} \tag{2-40}$$

式中　X——试样中被测组分的含量，mg/kg或mg/L；

ρ——试样溶液中被测组分的浓度，mg/L；

V——试样溶液的体积，mL；

f——稀释倍数；

m——试样的质量，g。

计算结果保留三位有效数字。

（六）注意事项

在重复性条件下获得的两次独立测定结果的绝对差值不得超过算术平均值的10%。

思考题

1. 生物胺的成分有哪些？
2. 生物胺是哪些物质的前体，在人体中积聚到一定浓度时，对人体有哪些伤害？

实验九 食品中总汞的测定

（一）实验目的

1. 掌握原子荧光光谱分析法测定食品中汞的操作方法。

2. 熟悉食品中汞的测定原理。

3. 了解汞及其化合物对人体的危害。

（二）实验原理

试样经酸加热消解后，在酸性介质中，试样中汞被硼氢化钾或硼氢化钠还原成原子态汞，由载气（氩气）带入原子化器中，在特制汞空心阴极灯照射下，基态汞原子被激发至高能态，在去活化回到基态时，发射出特征波长的荧光，其荧光强度与汞含量成正比，与标准系列比较定量。

（三）器材与试剂

玻璃器皿及聚四氟乙烯消解内罐均需以硝酸溶液（20%）浸泡24h用水反复冲洗，最后用去离子水冲洗干净。

1. 实验仪器

（1）原子荧光光谱仪。

（2）天平 感量为0.1mg和1mg。

（3）微波消解系统。

（4）压力消解器。

（5）恒温干燥箱 50~300℃。

（6）控温电热板 50~200℃。

（7）超声水浴箱。

2. 实验试剂

（1）硝酸 优级纯。

（2）30%过氧化氢。

（3）硫酸 优级纯。

（4）氢氧化钾。

（5）硼氢化钾 分析纯。

3. 试剂配制

（1）硝酸溶液（10%） 量取50mL硝酸，缓缓加入450mL水中。

（2）硝酸溶液（5%） 量取5mL硝酸，缓缓加入95mL水中。

（3）氢氧化钾溶液（5g/L） 称取5.0g氢氧化钾，纯水溶解并定容至1000mL，混匀。

（4）硼氢化钾溶液（5g/L） 称取5.0g硼氢化钾，用5g/L的氢氧化钾溶液溶解并定容至1000 mL，混匀。现用现配。

（5）重铬酸钾的硝酸溶液（0.5g/L） 称取0.05g重铬酸钾溶于100mL硝酸溶液（5+95）中。

（6）硝酸-高氯酸混合溶液（5+1） 量取500mL硝酸，100mL高氯酸，混匀。

4. 标准品

氯化汞（$HgCl_2$）：纯度≥99%。

5. 标准溶液配制

（1）汞标准储备液（1.00mg/mL）　准确称取0.1354g经干燥过的氯化汞，用重铬酸钾的硝酸溶液（0.5g/L）溶解并转移至100mL容量瓶中，稀释至刻度，混匀。此溶液浓度为1.00mg/mL。于4℃冰箱中避光保存，可保存两年。或购买经国家认证并授予标准物质证书的标准溶液物质。

（2）汞标准中间液（10μg/mL）　吸取1.00mL汞标准储备液（1.00mg/mL）于100mL容量瓶中，用重铬酸钾的硝酸溶液（0.5g/L）稀释至刻度混匀，此溶液浓度为10μg/mL。于4℃冰箱中避光保存，可保存两年。

（3）汞标准使用液（50ng/mL）　吸取0.50mL标准中间液（10μg/mL）于100mL容量瓶中，用0.5g/L重铬酸钾的硝酸溶液稀释至刻度，混匀，此溶液浓度为50ng/mL，现用现配。

（四）操作步骤

1. 试样预处理

在采样和制备过程中，应注意不使试样污染。

（1）粮食、豆类等样品　去杂物后粉碎均匀，装入洁净聚乙烯瓶中，密封保存备用。

（2）蔬菜、水果、鱼类、肉类及蛋类等新鲜样品　洗净晾干，取可食部分匀浆，装入洁净聚乙烯瓶中，密封，于4℃冰箱冷藏备用。

2. 试样消解

（1）压力罐消解法　称取固体试样0.2～1.0g（精确到0.1g），新鲜样品0.5～2.0g或液体试样吸取1～5mL称量（精确到0.001g）置于消解内罐中，加入5mL硝酸浸泡过夜。盖好内盖，旋紧不锈钢外套，放入恒温干燥箱，140～160℃保持4～5h，在干燥箱内自然冷却至室温，然后缓慢旋松不锈钢外套，将消解内罐取出，用少量水冲洗内盖，放在控温电热板上或超声水浴箱中，于80℃或超声脱气2～5min赶去棕色气体。取出消解内罐，将消化液转移至25mL容量瓶中，用少量水分3次洗涤内罐，洗涤液合并于容量瓶中并定容至刻度，混匀备用。同时做空白试验。

（2）微波消解法　称取固体试样0.2～0.5g（精确到0.001g）、新鲜样品0.2～0.8g或液体试样1～3mL于消解罐中，加入5～8mL硝酸，加盖放置过夜，旋紧罐盖，按照微波消解仪的标准操作步骤进行消解，消解参考条件见表2-23。冷却后取出，缓慢打开罐盖排气，用少量水冲洗内盖，将消解罐放在控温电热板上或超声水浴箱中，于80℃加热或超声脱气2～5min，赶去棕色气体，取出消解内罐将消化液转移至25mL塑料容量瓶中，用少量水分3次洗涤内罐，洗涤液合并于容量瓶中并定容至刻度，混匀备用；同时作空白试验。

表2-23　粮食、蔬菜、鱼肉类试样微波消解参考条件

步骤	功率（1600W）变化/%	温度/℃	升温时间/min	保温时间/min
1	50	80	30	5
2	80	120	30	7
3	100	160	30	5

（3）回流消解法

①粮食：称取1.0～4.0g（精确到0.001g）试样，置于消化装置锥形瓶中，加玻璃珠数

粒，加 45mL 硝酸、10mL 硫酸，转动锥形瓶防止局部炭化。装上冷凝管后，小火加热，待开始发泡即停止加热，发泡停止后，加热回流 2h。如加热过程中溶液变棕色，再加 5mL 硝酸，继续回流 2h，消解到样品完全溶解，一般呈淡黄色或无色，放冷后从冷凝管上端小心加 20mL 水，继续加热回流 10min，放冷，用适量水冲洗冷凝管，冲洗液并入消化液中，将消化液经玻璃棉过滤于 100mL 容量瓶内，用少量水洗涤锥形瓶、滤器，洗涤液并入容量瓶内，加水至刻度，混匀。同时做空白试验。

②植物油及动物油脂：称取 1.0～3.0g（精确到 0.001g）试样，置于消化装置锥形瓶中，加玻璃珠数粒，加入 7mL 硫酸，小心混匀至溶液颜色变为棕色，然后加 40mL 硝酸。以下按上文粮食操作中“装上冷凝管后，小火加热……同时做空白试验”步骤操作。

③薯类、豆制品：称取 1.0～4.0g（精确 0.001g），置于消化装置锥形瓶中，加玻璃珠数粒及 30mL 硝酸、5mL 硫酸，转动锥形瓶防止局部炭化。以下按上文粮食操作中“装上冷凝管后，小火加热……同时做空白试验”步骤操作。

④肉、蛋类：称取 0.5～2.0g（精确到 0.001g）置于消化装置锥形瓶中，加玻璃珠数粒及 30mL 硝酸、5mL 硫酸，转动锥形瓶防止局部炭化。以下按上文粮食操作中“装上冷凝管后，小火加热……同时做空白试验”步骤操作。

⑤乳及乳制品：称取 1.0～4.0g（精确到 0.001g）乳或乳制品，置于消化装置锥形瓶中，加玻璃珠数粒及 30mL 硝酸，乳加 10mL 硫酸，乳制品加 5mL 硫酸，转动锥形瓶防止局部炭化。以下按上文粮食操作中“装上冷凝管后，小火加热……同时做空白试验”步骤操作。

3. 测定

（1）标准曲线制作　分别吸取 50ng/mL 汞标准使用液 0，0.20，0.50，1.00，1.50，2.00，2.50mL 于 50mL 容量瓶中，用硝酸溶液（10%）稀释至刻度，混匀。各自相当于汞浓度为 0.00，0.20，0.50，1.0，1.50，2.00，2.50ng/mL。

（2）试样溶液的测定　设定好仪器最佳条件，连续用硝酸溶液（10%）进样，待读数稳定之后，转入标准系列测量，绘制标准曲线。转入试样测量，先用硝酸溶液（10%）进样，使读数基本回零，再分别测定试样空白和试样消化液，每次测定不同的试样前都应清洗进样器。试样测定结果按式（2－41）计算。

4. 仪器参考条件

光电倍增管负高压：240V；汞空心阴极灯电流：30mA；原子化器温度：300℃；载气流速：500mL/min；屏蔽气流速：1000mL/min。

（五）结果计算

试样中汞的含量按式（2－41）进行计算：

$$X=\frac{(\rho-\rho_0)\times V\times 1000}{m\times 1000\times 1000} \tag{2-41}$$

式中　X——试样中汞的含量，mg/kg 或 mg/L；

ρ——测定样液中汞的含量，ng/mL；

ρ_0——试剂空白液中汞的含量，ng/mL；

V——试样消化液总体积，mL；

m——试样质量或体积，g 或 mL；

1000——转换系数。

计算结果保留两位有效数字。

（六）注意事项

在重复性条件下获得的两次独立测定结果的绝对差值不得超过算术平均值的20%。

思考题

1. 汞的化合物有哪些？
2. 简述食品中汞测定的意义（可举例说明）。

实验十 食品中镉的测定

（一）实验目的

1. 掌握原子吸收光谱法测定镉的操作方法。
2. 熟悉食品中镉的测定原理。
3. 了解镉对人体的影响。

（二）实验原理

试样经灰化或酸消解后，注入一定量样品消化液于原子吸收分光光度计石墨炉中，电热原子化后吸收228.8nm共振线，在一定浓度范围内，其吸光度值与镉含量成正比，采用标准曲线法定量。

（三）仪器与试剂

1. 实验仪器

（1）原子吸收分光光度计 附石墨炉。

（2）镉空心阴极灯。

（3）电子天平 感量为0.1mg和1mg。

（4）可调温式电热板、可调温式电炉。

（5）马弗炉。

（6）恒温干燥箱。

（7）压力消解器、压力消解罐。

（8）微波消解系统 配聚四氟乙烯或其他合适的压力罐。

2. 实验试剂

（1）硝酸 优级纯。

（2）盐酸 优级纯。

（3）高氯酸 优级纯。

（4）过氧化氢 30%。

（5）磷酸二氢铵。

3. 试剂配制

（1）硝酸溶液（1%） 取10mL硝酸加入100mL水中，稀释至1000mL。

（2）盐酸溶液（50%） 取50 mL盐酸慢慢加入50 mL水中。

（3）硝酸-高氯酸混合溶液（9+1） 取9份硝酸与1份高氯酸混合。

（4）磷酸二氢铵溶液（10g/L） 称取10.0g磷酸二氢铵，用100mL硝酸溶液（1%）溶解后定量移入1000mL容量瓶，用硝酸溶液（1%）定容至刻度。

4. 标准品

金属镉（Cd）标准品，纯度为99.99%或经国家认证并授予标准物质证书的标准物质。

5. 标准溶液配制

（1）镉标准储备液（1000mg/L） 准确称取1g金属镉标准品（精确至0.001g）于小烧杯中，分次加20mL盐酸溶液（50%）溶解，加2滴硝酸，移入1000mL容量瓶中，用水定容至刻度，混匀；或购买经国家认证并授予标准物质证书的标准物质。

（2）镉标准使用液（100ng/mL） 吸取镉标准储备液10.0mL于100mL容量瓶中，用硝酸溶液（1%）定容至刻度，如此经多次稀释成每毫升含100.0ng镉的标准使用液。

（3）镉标准曲线工作液 准确吸取镉标准使用液0，0.50，1.0，1.5，2.0，3.0mL于100mL容量瓶中，用硝酸溶液（1%）定容至刻度，即得到含镉量分别为0，0.50，1.0，1.5，2.0，3.0ng的标准系列溶液。

（四）操作步骤

1. 试样处理

（1）干试样 粮食、豆类，去除杂质；坚果类去杂质、去壳；磨碎成均匀的样品，颗粒度≤0.425mm。贮于洁净的塑料瓶中，并做好标记，于室温下或按样品保存条件下保存备用。

（2）鲜（湿）试样 蔬菜、水果、肉类、鱼类及蛋类等，用食品加工机打成匀浆或碾磨成匀浆，贮于洁净的塑料瓶中，并做好标记，于-18～-16℃冰箱中保存备用。

（3）液态试样 按样品保存条件保存备用。含气样品使用前应除气。

2. 试样消解

可根据实验室条件选用以下任何一种方法消解，称量时应保证样品的均匀性。

（1）压力消解罐消解法 称取干试样0.3～0.5g（精确至0.0001g）、鲜（湿）试样1～2g（精确到0.001g）于聚四氟乙烯内罐，加硝酸5mL浸泡过夜。再加过氧化氢溶液（30%）2～3mL（总量不能超过罐容积的1/3）。盖好内盖，旋紧不锈钢外套，放入恒温干燥箱，120～160℃保持4～6h，在箱内自然冷却至室温，打开后加热赶酸至近干，将消化液洗入10mL或25mL容量瓶中，用少量硝酸溶液（1%）洗涤内罐和内盖3次，洗液合并于容量瓶中并用硝酸溶液（1%）定容至刻度，混匀备用。同时做试剂空白试验。

（2）微波消解 称取干试样0.3～0.5g（精确至0.0001g）、鲜（湿）试样1～2g（精确到0.001g）置于微波消解罐中，加5mL硝酸和2mL过氧化氢。微波消化程序可以根据仪器型号调至最佳条件。消解完毕，待消解罐冷却后打开，消化液呈无色或淡黄色，加热赶酸至近干，用少量硝酸溶液（1%）冲洗消解罐3次，将溶液转移至10mL或25mL容量瓶中，并用硝酸溶液（1%）定容至刻度，混匀备用。同时做试剂空白试验。

（3）湿式消解 称取干试样0.3～0.5g（精确至0.0001g）、鲜（湿）试样1～2g（精确到0.001g）于锥形瓶中，放数粒玻璃珠，加10mL硝酸-高氯酸混合溶液（9+1），加盖浸泡过夜，加一小漏斗在电热板上消化，若变棕黑色，再加硝酸，直至冒白烟，消化液呈无色透明或略带微黄色，放冷后将消化液洗入 10mL 或 25mL 容量瓶中，用少量硝酸溶液（1%）洗涤锥形瓶3 次，洗液合并于容量瓶中并用硝酸溶液（1%）定容至刻度，混匀备用。同时做试剂空白试验。

（4）干法灰化　称取 0.3 ~ 0.5g 干试样（精确至 0.0001g）、鲜（湿）试样 1 ~ 2g（精确到 0.001g）、液态试样 1 ~ 2g（精确到 0.001g）于瓷坩埚中，先小火在可调式电炉上炭化至无烟，移入马弗炉 500℃灰化 6 ~ 8h，冷却。若个别试样灰化不彻底，加 1mL 混合酸在可调式电炉上小火加热，将混合酸蒸干后，再转入马弗炉中 500℃继续灰化 1 ~ 2h，直至试样消化完全，呈灰白色或浅灰色。放冷，用硝酸溶液（1%）将灰分溶解，将试样消化液移入 10mL 或 25mL 容量瓶中，用少量硝酸溶液（1%）洗涤瓷坩埚 3 次，洗液合并于容量瓶中并用硝酸溶液（1%）定容至刻度，混匀备用。同时做试剂空白试验。

注：实验要在通风良好的通风橱内进行。对含油脂的样品，尽量避免用湿式消解法消化，最好采用干法消化，如果必须采用湿式消解法消化，样品的取样量最大不能超过 1g。

3. 仪器参考条件

根据所用仪器型号将仪器调至最佳状态。原子吸收分光光度计（附石墨炉及镉空心阴极灯）测定参考条件如下：

波长 228.8nm，狭缝 0.2 ~ 1.0nm，灯电流 2 ~ 10mA，干燥温度 105℃，干燥时间 20s。

灰化温度 400 ~ 700℃，灰化时间 20 ~ 40s。

原子化温度 1300 ~ 2300℃，原子化时间 3 ~ 5s。

背景校正为氘灯或塞曼效应。

4. 标准曲线的制作

将标准曲线工作液按浓度由低到高的顺序各取 20μL 注入石墨炉，测其吸光度值，以标准曲线工作液的浓度为横坐标，相应的吸光度值为纵坐标，绘制标准曲线并求出吸光度值与浓度关系的一元线性回归方程。

标准系列溶液应包括不少于 5 个点的不同浓度的镉标准溶液，相关系数不应小于 0.995。如果有自动进样装置，也可用程序稀释来配制标准系列。

5. 试样溶液的测定

于测定标准曲线工作液相同的实验条件下，吸取样品消化液 20μL（可根据使用仪器选择最佳进量），注入石墨炉，测其吸光度值。代入标准系列的一元线性回归方程中求样品消化液中镉的含量，平行测定次数不少于两次。若测定结果超出标准曲线范围，用硝酸溶液（1%）稀释后再行测定。

6. 基体改进剂的使用

对有干扰的试样，和样品消化液一起注入石墨炉 5μL 基体改进剂磷酸二氢铵溶液（10g/L），绘制标准曲线时也要加入与试样测定时等量的基体改进剂。

（五）结果计算

试样中镉的含量按式（2 - 42）进行计算：

$$X = \frac{(\rho_1 - \rho_0) \times V}{m \times 1000} \quad (2-42)$$

式中　X——试样中镉的含量，ng/kg 或 ng/L；

ρ_1——试样消化液中镉的质量浓度，ng/mL；

ρ_0——试剂空白液中镉的质量浓度，ng/mL；

m——试样质量或体积，g 或 mL；

V——试样消化液的总体积，mL；

1000——换算系数。

以重复性条件下获得的两次独立测定结果的算术平均值表示，结果保留两位有效数字。

（六）注意事项

1. 所用玻璃仪器均需以硝酸溶液（20%）浸泡 24h 以上，用水反复冲洗，最后用去离子水冲洗干净。

2. 在重复性条件下获得的两次独立测定结果的绝对差值不得超过算术平均值的 20%。

思考题

1. 镉金属污染物检测适用于哪些类型的样品？

2. 简述检测食品中镉的意义。

实验十一　食品中总砷的测定

（一）实验目的

1. 掌握氢化物原子荧光光度法对总砷和无机砷的测定操作方法。

2. 熟悉食品中砷的测定原理。

3. 了解砷在食品中的分布情况及食物中砷对人体健康的影响。

（二）实验原理

食品试样经湿消解或干灰化后，加入硫脲使五价砷还原为三价砷，再加入硼氢化钠或硼氢化钾使其还原生成砷化氢，由氩气载入石英原子化器中分解为原子态砷，在特制砷空心阴极灯的发射光激发下产生原子荧光，其荧光强度在固定条件下与被测液中的砷浓度成正比，与标准系列比较定量。

（三）器材与试剂

1. 实验仪器

原子荧光光度计。

2. 实验试剂

（1）氢氧化钠溶液（2g/L）。

（2）硼氢化钠溶液（10g/L）　称取硼氢化钠 10.0g，溶于 2g/L 氢氧化钠溶液 1000mL 中混匀，此液于冰箱可保存 10d，取出后应当日使用（也可称取 14g 硼氢化钾代替 10g 硼氢化钠）。

（3）硫脲溶液（50g/L）。

（4）硫酸溶液（10%）　量取硫酸 100mL，小心倒入 900mL 水中，混匀。

（5）氢氧化钠溶液（100g/L）　供配制砷标准溶液用，少量即够。

（6）砷标准溶液

①砷标准储备液：含砷 0.1mg/mL。精确称取于 100℃干燥 2h 以上的三氧化二砷 0.1320g，加 100g/L 氢氧化钠 10mL 溶解，用适量水转入 1000mL 容量瓶中，加（10%）硫酸 25mL，用水定容至刻度。

②砷标准使用液：含砷 1μg/mL。吸取 1.00mL 砷标准储备液于 100mL 容量瓶中，用水稀释至刻度。此液应当日配制使用。

（7）湿消解试剂　硝酸、硫酸、高氯酸。

（8）干灰化试剂　六水合硝酸镁（150g/L）、氯化镁、盐酸（50%）。

（四）操作步骤

1. 试样消解

（1）湿式消解　固体试样称样 1～2.5g，液体试样称样 5～10g（或 mL）（精确至小数点后第二位），置入 50～100mL 锥形瓶中，同时做两份试剂空白。加硝酸 20～40mL，硫酸 1.25mL，摇匀后放置过夜，置于电热板上加热消解。若消解液处理至 10mL 左右时仍有未分解物质或色泽变深，取下放冷，补加硝酸 5～10mL，再消解至 10mL 左右观察，如此反复两三次，注意避免炭化。如仍不能消解完全，则加入高氯酸 1～2mL，继续加热至消解完全后，再持续蒸发至高氯酸的白烟散尽，硫酸的白烟开始冒出。冷却，加水 25mL，再蒸发至冒硫酸白烟。冷却，用水将内容物转入 25mL 容量瓶或比色管中，加入 50g/L 硫脲 2.5 mL，补水至刻度并混匀，备测。

（2）干法灰化　一般应用于固体试样，称取 1～2.5g（精确至小数点后第二位）于 50～100mL 坩埚中，同时做两份试剂空白。加 150g/L 硝酸镁 10mL 混匀，低热蒸干，将氧化镁 1g 仔细覆盖在干渣上，于电炉上炭化至无黑烟，移入 550℃高温炉灰化 4h。取出放冷，小心加入盐酸（50%）10mL 以中和氧化镁并溶解灰分，转入 25mL 容量瓶或比色管中，向容量瓶或比色管中加入 50g/L 硫脲 2.5mL，另用硫酸（10%）分次刷洗坩埚转出合并，直至 25mL 刻度，混匀备测。

2. 标准系列制备

取 25mL 容量瓶或比色管 6 支，依次准确加入 1μg/mL 砷标准使用液 0，0.05，0.2，0.5，2.0，5.0mL（各相当于砷浓度 0，2.0，8.0，20.0，80.0，200.0ng/mL）。各加硫酸（10%）12.5mL，50g/L 硫脲 2.5mL，补加水至刻度，混匀备测。

3. 测定

（1）仪器参考条件　光电倍增管电压：400V，砷空心阴极灯电流：35mA；原子化器：温度 820～850℃，高度 7mm，氩气流速载气 600mL/min；测量方式：荧光强度或浓度直读；读数方式：峰面积；读数延迟时间：1s；读数时间：15s；硼氢化钠溶液加入时间：5s；标液或样液加入体积：2mL。

（2）浓度方式测量　如直接测荧光强度，则在开机并设定好仪器条件后，预热稳定约 20min。按“B”键进入空白值测量状态，连续用标准系列的“0”管进样，待读数稳定后，按空档键记录下空白值（即让仪器自动扣底）即可开始测量。先依次测标准系列（可不再测“0”管）。标准系列测完后应仔细清洗进样器（或更换一支），并再用“0”管测试使读数基本回零后，才能测试剂空白和试样，每测不同的试样前都应清洗进样器，记录（或打印）下测量数据。

（3）仪器自动方式　利用仪器提供的软件功能可进行浓度直读测定，为此在开机、设定条件和预热后，还需输入必要的参数，即：试样量（g 或 mL）；稀释体积（mL）；进样体积（mL）；结果的浓度单位；标准系列各点的重复测量次数；标准系列的点数（不计零点），及各点的浓度值。首先进入空白值测量状态，连续用标准系列的“0”管进样以获得稳定的空白值并执行自动扣底后，再依次测标准系列（此时“0”管需再测一次）。在测样液前，需再进入空白值测量状态，先用标准系列“0”管测试使读数复原并稳定后，再用两个试剂空白各进一次样，让仪器取其均值作为扣底的空白值，随后即可依次测试样。测定完毕后退回主菜单，选择“打印报告”即可将测定结果打出。

（五）结果计算

如果采用荧光强度测量方式，则需先对标准系列的结果进行回归运算（由于测量时“0”管强制为0，故零点值应该输入以占据一个点位），然后根据回归方程求出试剂空白液和试样被测液的砷浓度，再按式（2-43）计算试样的砷含量。

$$X = \frac{(\rho_1 - \rho_0) \times V}{m \times 1000} \qquad (2-43)$$

式中　X——试样的砷含量，mg/kg 或 mg/L；

ρ_1——试样被测液的浓度，ng/mL；

ρ_0——试剂空白液的浓度，ng/mL；

V——试样被测液的体积，mL；

m——试样的质量或体积，g 或 mL；

1000——换算系数。

计算结果保留两位有效数字。

（六）注意事项

湿消解法在重复性条件下获得的两次独立测定结果的绝对差值不得超过算术平均值的10%。

思考题

除湿消解法外，试样消解的前处理过程中还有哪些方法？试阐述不同方法的优缺点。

实验十二　水产品及肉类中组胺的测定

（一）实验目的

1. 通过 HPLC 采用对比内标样品方法来确定样品中组胺的含量。
2. 熟悉仪器操作步骤。

（二）实验原理

试样用5%三氯乙酸提取，正己烷除去脂肪，三氯甲烷－正丁醇（1+1）液液萃取净化后，丹磺酰氯衍生，C_{18}色谱柱分离，于254nm 处检测洗脱液的吸收信号值，采用内标法定量。

（三）器材与试剂

1. 实验仪器

（1）高效液相色谱仪（HPLC）　配有紫外检测器或二极管阵列检测器。

（2）组织匀质仪　离心机（转速≥6500r/min）。

（3）涡旋振荡器。

（4）水浴装置。

（5）氮气浓缩装置。

（6）电子天平　感量分别为0.01g和0.0001g。

（7）酸度计　pH±0.1。

（8）超纯水器。

（9）滤膜针头滤器　0.22μm。

2. 实验试剂

（1）乙腈　色谱纯。

（2）丙酮　色谱纯。

（3）正己烷　色谱纯。

（4）乙酸　色谱纯。

（5）乙酸铵　色谱纯。

（6）正丁醇。

（7）三氯甲烷。

（8）谷氨酸钠。

（9）碳酸氢钠。

（10）氯化钠。

（11）氢氧化钠。

（12）三氯乙酸。

（13）乙醚（重蒸）。

（14）盐酸　37%。

（15）丹磺酰氯　纯度>99%。

（16）丹磺酰氯衍生剂溶液　准确称取丹磺酰氯适量，以丙酮为溶剂配制浓度为10mg/mL的衍生剂使用液，置4℃冰箱避光贮存。

（17）流动相A　量取100mL含1%乙酸的0.01mol/L乙酸铵溶液，加入900mL乙腈。

（18）流动相B　量取900mL含1%乙酸的0.01mol/L乙酸铵溶液，加入100mL乙腈。

（19）组胺盐酸盐　CAS号：56-92-8，标准品（纯度>99%）。

（四）操作步骤

1. 标准溶液配制

所有标准溶液配制好后均需转移至密闭棕色容器中，避光贮存。

（1）组胺标准储备溶液的配制　用0.1mol/L盐酸溶液溶解后转移至10mL容量瓶中，定容至刻度，混匀，配制成浓度为1000mg/L（以组胺单体计）的标准储备溶液，置-20℃冰箱贮存。保存期为6个月。

（2）组胺标准混合使用液的配制　分别吸取1.0mL各生物胺单组分标准储备溶液，置于同一个10mL容量瓶中，用0.1mol/L盐酸稀释至刻度，混匀，配制成生物胺标准混合使用液（100mg/L）。保存期为3个月。

（3）组胺标准系列溶液的配制　分别吸取0.10，0.25，0.50，1.0，1.50，2.50，5.0mL组胺标准混合使用液（100mg/L），置于10mL容量瓶中，用0.1mol/L盐酸溶液稀释至刻度，混匀，使浓度分别为1.0，2.5，5.0，10.0，15.0，25.0，50.0mg/L，临用现配。

2. 试样制备

取水产品及肉类样品的可食部分约500g，充分均质，均分成两份装入洁净容器中，密封，于-20℃保存。

3. 提取

准确称取已经绞碎或匀浆后的水产品、肉类10g（精确至0.01g），置于100 mL具塞锥形瓶中，加入500μL内标使用液（1.0mg/mL），与样品充分混匀，加入20mL 5%三氯乙酸溶液，振荡提取30min，转移至50mL具塞离心管中，5000r/min离心10min，转移上清液至50mL容量瓶中，残渣用20mL 5%三氯乙酸稀释至刻度，待净化。

4. 净化

（1）除脂肪　移取上述试样提取液10mL于25mL具塞试管中，加入0.5g氯化钠涡旋振荡至氯化钠完全溶解后加入10mL正己烷，涡旋振荡5min，静置分层后弃去上层有机相，下层试样溶液加入10mL正己烷再除脂一次。

（2）萃取　移取5mL上述除脂肪后的试样溶液于10mL具塞离心管中，用5mol/L氢氧化钠溶液（几滴）调节pH至12.0左右。加入5mL的正丁醇/三氯甲烷（1+1）混合溶液，涡旋振荡5min，5000r/min离心5min，转移上层有机相于另一个10mL具塞离心管中，下层样液再萃取一次，合并萃取液，用正丁醇/三氯甲烷（1+1）稀释至刻度。取5mL萃取液加入200μL盐酸（1mol/L），混匀后40℃水浴下氮气吹干，加入1mL盐酸（0.1mol/L）涡旋振荡，使残留物完全溶解，待衍生。

5. 衍生

（1）试样的衍生　在上述待衍生的试样溶液中依次加入1mL饱和碳酸氢钠溶液、100μL氢氧化钠溶液（1mol/L）、1mL衍生试剂，涡旋混匀1min后置于60℃恒温水浴中衍生15min，取出，分别加入100μL谷氨酸钠溶液，振荡混匀，60℃恒温反应15min。取出，冷却至室温，于每个离心管中加入1mL水，涡旋混合1min，40℃水浴下氮吹除去丙酮（约1mL），加入0.5g氯化钠涡旋振荡至氯化钠完全溶解后加入5mL乙醚，涡旋振荡2min，静置分层后，吸出上层有机相（乙醚层），再萃取一次，合并乙醚萃取液，40℃水浴下氮气吹干。加入1mL乙腈涡旋振荡使残留物完全溶解，0.22μm滤膜针头滤器过滤于进样小瓶，待测定。

（2）标准的衍生　分别移取1mL生物胺标准系列溶液，置于10mL具塞试管中，依次加入250μL内标使用液（100mg/L），以下操作同试样的衍生步骤。

6. 液相色谱参考条件

色谱柱为C_{18}柱（柱长250mm，柱内径4.6mm，柱填料粒径5μm），紫外检测波长254nm，进样量20μL，柱温35℃，流动相A为90%乙腈/10%（含0.1%乙酸的0.01mol/L乙酸铵溶液），流动相B为10%乙腈/90%（含0.1%乙酸的0.01mol/L乙酸铵溶液），流速0.8mL/min。梯度洗脱程序见表2-24。

表 2－24　　食品中组胺测定梯度洗脱程序表

组成	时间/min					
	0	22	25	32	32.01	37
流动相 A/%	60	85	100	100	60	60
流动相 B/%	40	15	0	0	40	40

7. 标准曲线的制作

将 20μL 系列混合标准工作液的衍生液分别注入高效液相色谱仪，测得目标化合物的峰面积，以系列混合标准工作液的浓度为横坐标，以目标化合物的峰面积与内标的峰面积的比值为纵坐标，绘制标准曲线。

8. 试样溶液的测定

将试样的衍生溶液注入高效液相色谱仪中，测得峰面积，以保留时间定性。根据标准曲线得到待测液中各目标化合物的浓度。

（五）结果计算

试样中生物胺含量按式（2－44）计算：

$$X = \frac{\rho \times V \times f}{m} \tag{2-44}$$

式中　X——试样中被测组分的含量，mg/kg 或 mg/L；

ρ——试样溶液中被测组分的浓度，mg/L；

V——试样溶液的体积，mL；

f——稀释倍数；

m——试样的质量或体积，g 或 mL。

计算结果保留三位有效数字。

（六）注意事项

1. 流动相必须用 HPLC 级的试剂，使用前过滤除去其中的颗粒性杂质和其他物质（使用 0.45μm 或更细的膜过滤）。

2. 流动相过滤后要用超声波脱气，脱气后应该恢复到室温后使用。

3. 丹磺酰氯衍生剂不宜久放，最好现用现配。

思考题

1. 食品中组胺是如何产生的？常用的测定方法有哪些？

2. 采用高效液相色谱法测组胺为什么要对待测样做衍生处理？

实验十三　肉制品挥发性盐基氮含量测定

（一）实验目的

1. 熟练使用凯氏定氮仪。

2. 掌握利用凯氏定氮仪检测食品中挥发性盐基氮含量的方法。

3. 了解测定肉制品挥发性盐基氮含量的意义。

（二）实验原理

挥发性盐基氮是动物性食品由于酶和细菌的作用，在腐败过程中，使蛋白质分解而产生的氨以及胺类等碱性含氮物质。此类物质具有挥发性，其含量越高，表明氨基酸被破坏的越多，特别是甲硫氨酸和酪氨酸，因此营养价值大受影响。挥发性盐基氮具有挥发性，在碱性溶液中蒸出，利用硼酸溶液吸收后，用标准酸溶液滴定计算挥发性盐基氮含量。

（三）器材与试剂

1. 实验仪器

（1）天平　感量为1mg。

（2）搅拌机。

（3）自动凯氏定氮仪。

（4）蒸馏管　500mL或750mL。

（5）吸量管　10.0mL。

2. 实验试剂

（1）氧化镁。

（2）硼酸。

（3）盐酸或硫酸。

（4）甲基红指示剂。

（5）溴甲酚绿指示剂和95%乙醇。

（6）硼酸溶液（20g/L）　称取20g硼酸，加水溶解后并稀释至1000mL。

（7）盐酸标准滴定溶液［c(HCl) =0.1000mol/L］或硫酸标准滴定溶液［c（$1/2H_2SO_4$）=0.1000mol/L］。

3. 试剂制备

（1）甲基红-乙醇溶液（1g/L）　称取0.1g甲基红，溶于95%乙醇，用95%乙醇稀释至100mL。

（2）溴甲酚绿-乙醇溶液（1g/L）　称取0.1g溴甲酚绿，溶于95%乙醇，用95%乙醇稀释至100mL。

（3）混合指示液　1份甲基红-乙醇溶液与5份溴甲酚绿-乙醇溶液临用时混合。

4. 实验材料

肉制品。

（四）操作步骤

1. 仪器设定

标准溶液使用盐酸标准滴定溶液（0.1000mol/L）或硫酸标准滴定溶液（0.1000mol/L）。带自动添加试剂、自动排废功能的自动定氮仪，关闭自动排废、自动加碱和自动加水功能，设定加碱、加水体积为0mL，硼酸接收液设定为30mL。蒸馏设定时间180s或蒸馏体积200mL，以先到者为准。滴定终点设定：采用自动电位滴定方式判断终点的定氮仪，设定滴定终点pH为4.65。硼酸接收液滴加10滴混合指示液，采用颜色方式判断终点。

2. 试样处理

鲜（冻）肉去除皮、脂肪、骨、筋腱，取瘦肉部分，鲜（冻）海产品和水产品去除外壳、皮、头部、内脏、骨刺，取可食部分，绞碎搅匀，制成品直接绞碎搅匀。肉糜、肉松、液体样品等均匀样品可直接使用。皮蛋（松花蛋）、咸蛋等腌制蛋去蛋壳、去蛋膜，按蛋∶水＝2∶1 的比例加入水，用搅拌机绞碎搅匀成匀浆。皮蛋、咸蛋样品称取蛋匀浆 15g（计算含量时，蛋匀浆的质量乘以 2/3 即为试样质量），其他样品称取试样 10g，精确至 0.001g，液体样品吸取 10.0mL，置于蒸馏管内，加入 75mL 水，振摇，使试样在样液中分散均匀，浸渍 30min。

3. 测定

按照仪器操作说明书的要求运行仪器，通过清洗、试运行，使仪器进入正常测试运行状态，首先进行试剂空白测定，取得空白值。在装有已处理试样的蒸馏管中加入 1g 氧化镁，立刻连接到蒸馏器上，按照仪器设定的条件和仪器操作说明书的要求开始测定。测定完毕及时清洗和疏通加液管路和蒸馏系统。

（五）结果计算

试样中挥发性盐基氮的含量按式（2－45）计算。

$$X = \frac{(V_1 - V_2) \times c \times 14}{m} \times 100 \qquad (2-45)$$

式中　X——试样中挥发性盐基氮的含量，mg/100g；

V_1——试液消耗盐酸或硫酸标准滴定溶液的体积，mL；

V_2——试剂空白消耗盐酸或硫酸标准滴定溶液的体积，mL；

c——盐酸或硫酸标准滴定溶液的浓度，mol/L；

14——1.0mL 盐酸或硫酸标准滴定溶液相当的氮的质量，mg；

m——试样质量或试样体积，g 或 mL；

100——换算系数。

实验结果以重复条件下获得的两次独立测定结果的算术平均值表示，结果保留三位有效数字。

思考题

1. 氧化镁在实验中起到什么作用？为什么用氧化镁而不用氢氧化钠？
2. 实验过程中有哪些注意事项？

第六节　其他食品品质检测指标

实验一　食品中过氧化值的测定

（一）实验目的

1. 掌握食品中过氧化值的测定原理及方法。
2. 熟练掌握滴定法测量过氧化值的操作技能。

（二）实验原理

油脂试样在三氯甲烷和冰乙酸中溶解，其中的过氧化物与碘化钾反应生成碘，用硫代硫酸钠标准溶液滴定析出的碘，计算含量。

（三）器材与试剂

1. 实验仪器

（1）碘量瓶 250mL。

（2）滴定管 10mL，最小刻度为0.05mL。

（3）滴定管 25mL或50mL，最小刻度为0.1mL。

（4）天平 感量为1mg、0.01mg。

（5）电热恒温干燥箱。

（6）旋转蒸发仪。

注：本方法中使用的所有器皿不得含有还原性或氧化性物质，磨砂玻璃表面不得涂油。

2. 实验试剂

（1）冰乙酸。

（2）三氯甲烷。

（3）碘化钾。

（4）硫代硫酸钠（$Na_2S_2O_3 \cdot 5H_2O$）。

（5）石油醚 沸程为30～60℃。

（6）无水硫酸钠。

（7）可溶性淀粉。

（8）重铬酸钾 工作基准试剂。

3. 试剂配制

（1）三氯甲烷－冰乙酸混合液（40∶60） 量取40mL三氯甲烷，加入60mL冰乙酸，混匀。

（2）碘化钾饱和溶液 称取20g碘化钾，加入10mL新煮沸冷却的水，摇匀后贮于棕色瓶中，存放于避光处备用。要确保溶液中有饱和碘化钾结晶存在。使用前检查：在30mL三氯甲烷－冰乙酸混合液中添加1.00mL碘化钾饱和溶液和2滴10g/L淀粉指示剂，若出现蓝色，并需用1滴以上的0.01mol/L硫代硫酸钠溶液才能消除，此碘化钾溶液不能使用，应重新配制。

（3）10g/L淀粉指示剂 称取0.5g可溶性淀粉，加少量水调成糊状。边搅拌边倒入50mL沸水，再煮沸搅匀后，放冷备用。临用前配制。

（4）石油醚的处理 取100mL石油醚于蒸馏瓶中，在低于40℃的水浴中，用旋转蒸发仪减压蒸干。用30mL三氯甲烷－冰乙酸混合液分次洗涤蒸馏瓶，合并洗涤液于250mL碘量瓶中。准确加入1.00mL饱和碘化钾溶液，塞紧瓶盖，并轻轻振摇0.5min，在暗处放置3min，加1.0mL淀粉指示剂后混匀，若无蓝色出现，此石油醚用于试样制备；如加1.0mL淀粉指示剂混匀后有蓝色出现，则需更换试剂。

（5）0.1mol/L硫代硫酸钠标准溶液 称取26g硫代硫酸钠（$Na_2S_2O_3 \cdot 5H_2O$）（或无水硫代硫酸钠16g），加0.2g无水碳酸钠，溶于1000mL去离子水中，缓缓煮沸10min，冷却。放置两周后过滤、标定。

（6）0.01mol/L硫代硫酸钠标准溶液 由0.1mol/L硫代硫酸钠标准溶液以新煮沸冷却的

水稀释而成。临用前配制。

（7）0.002mol/L 硫代硫酸钠标准溶液 由 0.1mol/L 硫代硫酸钠标准溶液以新煮沸冷却的水稀释而成。临用前配制。

（四）操作步骤

1. 试样制备

样品制备过程应避免强光，并尽可能避免带入空气。

（1）动植物油脂 对液态样品，振摇装有试样的密闭容器，充分均匀后直接取样；对固态样品，选取有代表性的试样置于密闭容器中混匀后取样。

（2）食用氢化油、起酥油、代可可脂 对于液态样品，振摇装有试样的密闭容器，充分混匀后直接取样；对于固态样品，选取有代表性的试样置于密闭容器中混匀后取样。如有必要，将盛有固态试样的密闭容器置于恒温干燥箱中，缓慢加温到刚好可以融化，振摇混匀，趁试样为液态时立即取样测定。

（3）人造奶油 将样品置于密闭容器中，于 60～70℃的恒温干燥箱中加热至融化，振摇混匀后，继续加热至破乳分层并将油层通过快速定性滤纸过滤到烧杯中，烧杯中滤液为待测试样。制备的待测试样应澄清，趁待测试样为液态时立即取样测定。

（4）以小麦粉、谷物、坚果等植物性食品为原料，经油炸、膨化、烘烤、调制、炒制等加工工艺而制成的食品 从所取全部样品中取出有代表性样品的可食部分，在玻璃研钵中研碎，将粉碎的样品置于广口瓶中，加入 2～3 倍样品体积的经处理后的石油醚，摇匀，充分混合后静置浸提 12h 以上，经装有无水硫酸钠的漏斗过滤，取滤液，在低于 40℃的水浴中，用旋转蒸发仪减压蒸干石油醚，残留物即为待测试样。

（5）以动物性食品为原料经速冻、干制、腌制等加工工艺而制成的食品 从所取全部样品中取出有代表性样品的可食部分，将其破碎并充分混匀后置于广口瓶中，加入 2～3 倍样品体积的经处理后的石油醚，摇匀，充分混合后静置浸提 12h 以上，经装有无水硫酸钠的漏斗过滤，取滤液，在低于 40℃的水浴中，用旋转蒸发仪减压蒸干石油醚，残留物即为待测试样。

2. 测定

应避免在阳光直射下进行试样测定。称取制备好的试样 2～3g（精确至 0.001g），置于 250mL 碘量瓶中，加入 30mL 三氯甲烷－冰乙酸混合液，轻轻振摇使试样完全溶解。准确加入 1.00mL 饱和碘化钾溶液，塞紧瓶盖，并轻轻振摇 0.5min，在暗处放置 3min。取出加 100mL 水，摇匀后立即用硫代硫酸钠标准溶液（过氧化值估计值在 0.15g/100g 及以下时，用 0.002mol/L 标准溶液；过氧化值估计值大于 0.15g/100g 时，用 0.01mol/L 标准溶液）滴定析出的碘，滴定至淡黄色时，加 1mL 淀粉指示剂，继续滴定并强烈振摇至溶液蓝色消失为终点。同时进行空白试验。空白试验所消耗 0.01mol/L 硫代硫酸钠溶液的体积 V_0 不得超过 0.1mL。

（五）计算结果

1. 用过氧化物相当于碘的质量分数表示过氧化值时，按式（2－46）计算。

$$X_1 = \frac{(V - V_0) \times c \times 0.1269}{m} \times 100 \tag{2-46}$$

式中 X_1——过氧化值，g/100g；

V——试样消耗的硫代硫酸钠标准溶液体积，mL；

V_0——空白试验消耗的硫代硫酸钠标准溶液体积，mL；

c——硫代硫酸钠标准溶液的浓度，mol/L；

m——试样质量，g；

0.1269——与1.00mL硫代硫酸钠标准滴定溶液［c（$Na_2S_2O_3$）=1.000 mol/L］相当的碘的质量，g；

100——换算系数。

计算结果以重复性条件下获得的两次独立测定结果的算术平均值表示，结果保留两位有效数字。

2. 用1kg样品中活性氧的毫摩尔数表示过氧化值时，按式（2-47）计算。

$$X_2 = \frac{(V - V_0) \times c}{2 \times m} \times 1000 \quad (2-47)$$

式中 X_2——过氧化值，mmol/kg；

V——试样消耗的硫代硫酸钠标准溶液体积，mL；

V_0——空白试验消耗的硫代硫酸钠标准溶液体积，mL；

c——硫代硫酸钠标准溶液的浓度，mol/L；

m——试样质量，g；

1000——换算系数。

计算结果以重复性条件下获得的两次独立测定结果的算术平均值表示，结果保留两位有效数字。

（六）注意事项

1. 碘易挥发且易氧化，在滴定过程中温度不宜过高，滴定时忌剧烈摇动溶液。

2. 精密度在重复性条件下获得的两次独立测定结果的绝对差值不得超过算术平均值的10%。

3. 为防止碘被空气氧化，应放在暗处，避免阳光直射，析出I_2后，应立即用硫代硫酸钠溶液滴定，滴定过程中，注意控制滴定速度并观察溶液颜色变化。

思考题

1. 碘与硫代硫酸钠的反应为什么要在中性或弱酸性溶液中进行？
2. 淀粉指示剂为什么要现配现用？

实验二 油脂酸价的测定

（一）实验目的

1. 掌握油脂酸价的测定原理及方法。
2. 熟练掌握滴定法操作技巧。

（二）实验原理

用有机溶剂将油脂试样溶解成样品溶液，再用氢氧化钾或氢氧化钠标准滴定溶液中和滴定样品溶液中的游离脂肪酸，以指示剂相应的颜色变化来判定滴定终点，最后通过滴定终点消耗的标准滴定溶液的体积计算油脂试样的酸价。

（三）器材与试剂

1. 实验仪器

（1）10mL 微量滴定管　最小刻度为 0.05mL。

（2）天平　感量 0.001g。

（3）恒温水浴锅。

（4）恒温干燥箱。

（5）离心机　最高转速不低于 8000r/min。

（6）旋转蒸发仪。

（7）索氏脂肪提取装置。

（8）植物油料粉碎机或研磨机。

2. 实验试剂

（1）异丙醇。

（2）乙醚。

（3）甲基叔丁基醚。

（4）95% 乙醇。

（5）酚酞　指示剂。

（6）百里香酚酞　指示剂。

（7）碱性蓝 6B　指示剂。

（8）无水硫酸钠　在 105～110℃条件下充分烘干，然后装入密闭容器冷却并保存。

（9）无水乙醚（$C_4H_{10}O$）。

（10）石油醚　沸程 30～60℃。

3. 试剂配制

（1）氢氧化钾或氢氧化钠标准滴定水溶液　浓度为 0.1mol/L 或 0.5mol/L，按照 GB/T 601—2016《化学试剂　标准滴定溶液的制备》标准要求配制和标定，也可购买市售商品化试剂。

（2）乙醚 - 异丙醇混合液　乙醚 + 异丙醇 = 1 + 1，500mL 的乙醚与 500mL 的异丙醇充分互溶混合，用时现配。

（3）酚酞指示剂　称取 1g 的酚酞，加入 100mL 的 95% 乙醇并搅拌至完全溶解。

（4）百里香酚酞指示剂　称取 2g 的百里香酚酞，加入 100mL 的 95% 乙醇并搅拌至完全溶解。

（5）碱性蓝 6B 指示剂　称取 2g 的碱性蓝 6B，加入 100mL 的 95% 乙醇并搅拌至完全溶解。

（四）操作步骤

1. 试样制备

（1）食用油脂试样的制备　若食用油脂样品常温下呈液态，且为澄清液体，则充分混匀后直接取样，否则按照附录 A 的要求进行除杂和脱水干燥处理；若食用油脂样品常温下为固态，则按照附录 B 制备；若样品为经乳化加工的食用油脂，则按照附录 C 制备。

（2）植物油料试样的制备　先用粉碎机或研磨机把植物油料粉碎成均匀的细颗粒，脆性较高的植物油料（如大豆、葵花籽、棉籽、油菜籽等）应粉碎至粒径为0.8～3mm甚至更小的细颗粒，而脆性较低的植物油料（如椰干、棕榈仁等）应粉碎至粒径不大于6mm的颗粒。其间若发热明显，应按照附录D中D.3进行粉碎。

取粉碎的植物油料细颗粒装入索氏脂肪提取装置中，再加入适量的提取溶剂（无水乙醚或石油醚），加热并回流提取4h。最后收集并合并所有的提取液于一个烧瓶中，置于水浴温度≤45℃的旋转蒸发仪内，0.08～0.1MPa负压条件下，将其中的溶剂彻底旋转蒸干，取残留的液体油脂作为试样进行酸价测定。

若残留的液态油脂浑浊、乳化、分层或有沉淀，应按照附录A的要求进行除杂和脱水干燥的处理。

2. 试样称量

根据制备试样的颜色和估计的酸价，按照表2－25规定称量试样。

表2－25　试样称量表

估计的酸价/（mg/g）	最小称样量/g	使用滴定液的浓度/（mol/L）	试样称量的精确度/g
0～1	20	0.1	0.05
1～4	10	0.1	0.02
4～15	2.5	0.1	0.01
15～75	0.5～3.0	0.1或0.5	0.001
>75	0.2～1.0	0.5	0.001

试样称样量和滴定液浓度应使滴定液用量在0.2～10mL（扣除空白后）。若检测后，发现样品的实际称样量与该样品酸价所对应的应有称样量不符，应按照表2－25要求，调整称样量后重新检测。

3. 测定

（1）试样测定　取一个干净的250mL的锥形瓶，按照试样称量表要求用天平称取制备的油脂试样，其质量m单位为克。加入乙醚异丙醇混合液50～100mL和3～4滴的酚酞指示剂，充分振摇溶解试样。再用配制好的氢氧化钾或氢氧化钠标准滴定溶液对试样溶液进行手工滴定，当试样溶液初现微红色，且15s内无明显褪色时，为滴定的终点。立刻停止滴定，记录下此滴定所消耗的标准滴定溶液的体积（mL），此数值为V。

对于深色泽的油脂样品，可用百里香酚酞指示剂或碱性蓝6B指示剂取代酚酞指示剂，滴定时，当颜色变为蓝色时为百里香酚酞的滴定终点，碱性蓝6B指示剂的滴定终点为由蓝色变红色。米糠油（稻米油）的冷溶剂指示剂法测定酸价只能用碱性蓝6B指示剂。

（2）空白试验　另取一个干净的250mL的锥形瓶，准确加入与试样测定时相同体积、相同种类的乙醚－异丙醇有机溶剂混合液和指示剂，振摇混匀。然后再用装有氢氧化钾或氢氧化钠标准滴定溶液的刻度滴定管进行手工滴定，当溶液初现微红色，且15s内无明显褪色时，为滴定的终点。立刻停止滴定，记录下此滴定所消耗的标准滴定溶液的体积（mL），此数值为V_0。

（五）计算结果

酸价（又称酸值）按式（2－48）进行计算。

$$X_{AV}=\frac{(V-V_0)\times c\times 56.1}{m} \tag{2-48}$$

式中　X_{AV}——酸价，mg KOH/g 油；

V——试样测定所消耗的标准滴定溶液的体积，mL；

V_0——相应的空白测定所消耗的标准滴定溶液的体积，mL；

c——标准滴定溶液的摩尔浓度，mol/L；

m——油脂样品的质量，g；

56.1——氢氧化钾的摩尔质量，g/mol。

酸价≤1mg/g，计算结果保留两位小数，1mg/g＜酸价≤100mg/g，计算结果保留一位小数；酸价＞100mg/g，计算结果保留至整数位。

（六）注意事项

1. 食品中油脂的酸价受温度影响明显，在试样处理过程中应严格控制温度。
2. 滴定过程中注意控制滴定速度并观察溶液颜色变化。
3. 当酸价＜1mg/g 时，在重复条件下获得的两次独立测定结果的绝对差值不得超过算术平均值的 15%；当酸价≥1mg/g 时，在重复条件下获得的两次独立测定结果的绝对差值不得超过算术平均值的 12%。

思考题

1. 油脂酸败的原因是什么？
2. 测定油脂酸价时，为什么装油的锥形瓶或油样中不得混有无机酸？

附录 A
油脂试样的除杂和干燥脱水

A.1　除杂

作为试样的样品应为液态、澄清、无沉淀并充分混匀。如果样品不澄清、有沉淀，则应将油脂置于 50℃ 的水浴或恒温干燥箱内，将油脂的温度加热至 50℃ 并充分振摇以熔化可能的油脂结晶。若此时油脂样品变澄清、无沉淀，则可作为试样，否则应将油脂置于 50℃ 的恒温干燥箱内，用滤纸过滤不溶性的杂质，取过滤后的澄清液体油脂作为试样，过滤过程应尽快完成。

若油脂样品中的杂质含量较高，且颗粒细小难以过滤干净，可先将油脂样品用离心机以 8000～10000r/min 的转速离心 10～20min，沉淀杂质。

对于凝固点高于 50℃ 或含有凝固点高于 50℃ 油脂成分的样品，则应将油脂置于比其凝固点高 10℃ 左右的水浴或恒温干燥箱内，将油脂加热并充分振摇以熔化可能的油脂结晶。若还需过滤，则将油脂置于比其凝固点高 10℃ 左右的恒温干燥箱内，用滤纸过滤不溶性的杂质，取过滤后的澄清液体油脂作为试样，过滤过程应尽快完成。

A.2　干燥脱水

若油脂中含有水分，则通过 A.1 的处理后仍旧无法达到澄清，应进行干燥脱水。对于无结晶或凝固现象的油脂，以及经过 A.1 的处理并冷却至室温后无结晶或凝固现象的油脂，可按每 10g 油脂加入 1～2g 的比例加入无水硫酸钠，并充分搅拌混合吸附脱水，然后用滤纸过滤，取过滤后的澄清液体油脂作为试样。

若油脂样品中的水分含量较高，可先将油脂样品用离心机以 8000～10000r/min 的转速离心 10～20min，分层后，取上层的油脂样品再用无水硫酸钠吸附脱水。

对于室温下有结晶或凝固现象的油脂，以及经过 A.1 的处理并冷却至室温后有明显结晶或凝固现象的油脂，可将油脂样品用适量的石油醚于 40～55℃水浴内完全溶解后，加入适量无水硫酸钠，在维持加热条件下充分搅拌混合吸附脱水并静置沉淀硫酸钠使溶液澄清，然后收集上清液，将上清液置于水浴温度不高于 45℃的旋转蒸发仪内，0.08～0.1MPa 负压条件下，将其中的石油醚彻底旋转蒸干，取残留的液体油脂作为试样。若残留油脂有浑浊显现，将油脂样品按照 A.1 中相关要求再进行一次过滤除杂，便可获得澄清油脂样品。

对于由于凝固点过高而无法溶解于石油醚的油脂样品，则将油脂置于比其凝固点高 10℃左右的水浴或恒温干燥箱内，将油脂加热并充分振摇以熔化可能的油脂结晶或凝固物，然后加入适量的无水硫酸钠，在同样的温度环境下，充分搅拌混合吸附脱水并静置沉淀硫酸钠，然后仍在相同的加热条件下过滤上层的液态油脂样品，获得澄清的油脂样品，过滤过程应尽快完成。

附录 B
固态油脂试样的处理

按表 2－25 的要求，称取固态油脂样品，置于比其熔点高 10℃左右的水浴或恒温干燥箱内，加热完全熔化固态油脂试样，若熔化后的油脂试样完全澄清，则可混匀后直接取样。若熔化后的油脂样品浑浊或有沉淀，则应按附录 A 的相关要求再进行除杂和脱水处理。

附录 C
乳化类油脂试样的处理

称取的乳化油脂样品（含油量应符合表 2－25 的要求），加入试样体积 5～10 倍的石油醚，然后搅拌直至样品完全溶解于石油醚中（若油脂样品凝固点过高，可置于 40～55℃水浴内搅拌至完全溶解），然后充分静置并分层后，取上层有机相提取液，置于水浴温度不高于 45℃的旋转蒸发仪内，0.08～0.1MPa 负压条件下，将其中的石油醚彻底旋转蒸干，取残留的液体油脂作为试样。若残留的油脂浑浊、乳化、分层或有沉淀，则应按照附录 A 的要求进行除杂和脱水干燥的处理。

对于难于溶解的油脂可采用以下溶剂为浸提液：石油醚＋甲基叔丁基醚＝1＋3，250mL 的石油醚与 750mL 的甲基叔丁基醚充分互溶混合。

若油脂样品能完全溶解于石油醚等溶剂中，成为澄清的溶液或者只是成为悬浮液而不分层，则直接加入适量的无水硫酸钠，在同样的温度条件下，充分搅拌混合吸附脱水并静置沉淀硫酸钠，然后取上层清液置于水浴温度不高于45℃的旋转蒸发仪内，0.08～0.1MPa负压条件下，将其中的石油醚彻底旋转蒸干，取残留的液体油脂作为试样。若残留的油脂浑浊、乳化、分层或有沉淀，则应按照附录A的要求进行除杂和脱水干燥的处理。

附录D
样品的粉碎

D.1 普通粉碎

先将样品切割或分割小片或小块，再将其放入食品粉碎机中粉碎成粉末，并通过圆孔筛(若粉碎后样品粉末无法完全通过圆孔筛，可用研钵进一步研磨研细再过筛)。取筛下物进行油脂的提取。

D.2 普通捣碎

先将样品切割或分割小片或小块，再将其放入研钵中，然后不断研磨，使样品充分的捣碎、捣烂和混合。也可使用食品捣碎机将样品捣碎、捣烂和混合。对于花生酱、芝麻酱、辣椒酱等流动性样品，直接搅拌并充分混匀即可。

D.3 冷冻粉碎

先将样品剪切成小块、小片或小粒，然后放入研钵中，加入适量的液氮，趁冷冻状态进行初步的捣烂并充分混匀。然后，趁未解冻，将捣烂的样品倒入组织捣碎机的不锈钢捣碎杯中，此时可再向捣碎杯中加入少量的液氮，然后以10000～15000r/min的转速进行冷冻粉碎，将样品粉碎至大部分粒径不大于4mm的颗粒。

D.4 含有调味油包的预包装食品的粉碎

先按照D.1～D.3相应的粉碎技术，将预包装食品中含油的、非调味油包的食用部分粉碎，然后依据预包装食品原始最小包装单位中的比例，将调味油包中的油脂同粉碎的含油食用部分一起充分混合。

实验三 食品中总酸的测定

（一）实验目的

1. 掌握食品中总酸测定的基本原理和方法。
2. 熟悉酸碱滴定法的基本操作，总酸含量的计算公式和计算方法。

（二）实验原理

根据酸碱中和原理，用碱液滴定试液中的酸，以酚酞为指示剂确定滴定终点，按碱液的消耗量计算食品中的总酸含量。

（三）器材与试剂

1. 实验仪器

（1）组织捣碎机。

（2）水浴锅。

（3）研钵。

（4）冷凝管。

2. 实验试剂及配制

（1）0.1mol/L 氢氧化钠标准滴定溶液。

（2）0.01mol/L 或 0.05mol/L 氢氧化钠标准滴定溶液。

（3）1% 酚酞指示剂溶液　1g 酚酞溶于 60mL 95% 乙醇中，用水稀释至 100mL。

（四）操作步骤

1. 试样的制备

（1）液体样品　不含二氧化碳的样品充分混匀。含二氧化碳的样品按下述方法排除二氧化碳：取至少 200mL 充分混匀的样品，置于 500mL 锥形瓶中，旋摇至基本无气泡，装上冷凝管，置于水浴锅中。待水沸腾后保持 10min，取出，冷却。

（2）固体样品　去除不可食部分，取有代表性的样品至少 200g，置于研钵或组织捣碎机中，加入与试样等量的水，研碎或捣碎，混匀。

面包应取其中心部分，充分混匀，直接供制备试液。

（3）固液体样品　按样品的固、液体比例至少取 200g，去除不可食部分，用研钵或组织捣碎机研碎或捣碎，混匀。

2. 试液的制备

（1）总酸含量≤4g/kg 的试样　将试样用快速滤纸过滤，收集滤液，用于测定。

（2）总酸含量 >4g/kg 的试样　称取 10 ~ 50g 试样（精确至 0.001g），置于 100mL 烧杯中，用约 80℃煮沸过的水将烧杯中的内容物转移到 250mL 容量瓶中（总体积约 150mL），置于沸水浴中煮沸 30min（摇动 2 ~ 3 次，使试样中的有机酸全部溶解于溶液中），取出，冷却至室温（约 20℃），用煮沸过的水定容至 250mL。用快速滤纸过滤。收集滤液，用于测定。

3. 样品测定

取 25.00 ~ 50.00mL 试液，含酸量 0.035 ~ 0.070g，置于 150mL 烧杯中。加 40 ~ 60mL 水及 0.2mL 1% 酚酞指示剂，用 0.1mol/L 氢氧化钠标准滴定溶液（如样品酸度较低，可用 0.01mol/L 或 0.05mol/L 氢氧化钠标准滴定溶液）滴定至微红色，30s 不褪色。记录消耗 0.1mol/L 氢氧化钠标准滴定溶液的体积 V_1。

同一被测样品须测定两次。

4. 空白试验

用水代替试液，按上述步骤操作，记录消耗 0.1mol/L 氢氧化钠标准滴定溶液的体积 V_2。

（五）计算结果

总酸以每千克（或每升）样品中酸的质量表示，按式（2 - 49）计算。

$$X = \frac{c \times (V_1 - V_2) \times K \times F \times 1000}{m} \tag{2-49}$$

式中　X——每千克（或每升）样品中酸的质量，g/kg 或 g/L；

c——氢氧化钠标准滴定溶液的浓度，mol/L；

V_1——滴定试液时消耗氢氧化钠标准滴定溶液的体积，mL；

V_2——空白试验时消耗氢氧化钠标准滴定溶液的体积，mL；

F——试液的稀释倍数；

m——试样质量或体积，g 或 mL；

K——酸的换算系数。各种酸的换算系数分别为：苹果酸，0.067；乙酸，0.060；酒石酸，0.075；柠檬酸，0.064；柠檬酸（含一分子结晶水），0.070；乳酸，0.090；盐酸，0.036；磷酸，0.049；

1000——换算系数。

计算结果精确到小数点后第二位。

（六）注意事项

1. 如两次测定结果差在允许范围内，则以其平均值报告结果。
2. 同一样品两次测定值之差，不得超过两次测定值的2%。

思考题

滴定操作的注意事项有哪些？

实验四　食品中氯化物的测定

（一）实验目的

1. 掌握食品中氯化物的测定原理及方法。
2. 掌握电位滴定仪的工作原理及操作技巧。

（二）实验原理

试样经酸化处理后，加入丙酮，以玻璃电极为参比电极，银电极为指示电极，用硝酸银标准滴定溶液滴定试液中的氯化物。根据电位的“突跃”，确定滴定终点。以硝酸银标准滴定溶液的消耗量计算食品中氯化物的含量。

（三）器材与试剂

1. 实验仪器

（1）组织捣碎机。

（2）粉碎机。

（3）研钵。

（4）涡旋振荡器。

（5）超声波清洗器。

（6）恒温水浴锅。

（7）离心机　转速≥3000r/min。

（8）pH计　精度±0.1。

（9）玻璃电极。

（10）银电极或复合电极。

（11）电磁搅拌器。

（12）电位滴定仪。

（13）天平　感量0.1mg和1mg。

2. 实验试剂

除非另有说明，本方法所用试剂均为分析纯，水为 GB/T 6682 规定的三级水。

（1）亚铁氰化钾［$K_4Fe(CN)_6 \cdot 3H_2O$］。

（2）乙酸锌。

（3）硝酸银。

（4）冰乙酸。

（5）硝酸。

（6）丙酮。

（7）氯化钠　标准品，纯度≥99.8%。

3. 溶液的配制及标定

（1）沉淀剂Ⅰ　称取 106g 亚铁氰化钾，加水溶解并定容到 1L，混匀。

（2）沉淀剂Ⅱ　称取 220g 乙酸锌，溶于少量水中，加入 30mL 冰乙酸，加水定容到 1L，混匀。

（3）硝酸溶液（25%）　将 1 体积的硝酸加入到 3 体积水中，混匀。

（4）氯化钠基准溶液（0.01000mol/L）　称取 0.5844g（精确至 0.1mg）经 500～600℃灼烧至恒重的基准试剂氯化钠，于小烧杯中，用少量水溶解，转移到 1000mL 容量瓶中，加水定容至刻度，摇匀。

（5）硝酸银标准滴定溶液（0.02mol/L）　称取 3.40g 硝酸银（精确至 0.01g）于小烧杯中，用少量硝酸溶解，转移到 1000mL 棕色容量瓶中，用水定容至刻度，摇匀，避光贮存，或转移到棕色瓶中。

（6）标定（二级微商法）　吸取 10.00mL 0.01000mol/L 氯化钠基准溶液于 50mL 烧杯中，加入 0.2mL 硝酸溶液及 25mL 丙酮。将玻璃电极和银电极浸入溶液中，启动电磁搅拌器。从酸式滴定管滴入 V' 硝酸银标准滴定溶液（所需量的 90%），测量溶液的电位值（E）。继续滴入硝酸银标准滴定溶液，每滴入 1mL 立即测量溶液电位值（E）。接近终点和终点后，每滴入 0.1mL，测量溶液的电位值（E）。继续滴入硝酸银标准滴定溶液，直至溶液电位数值不再明显改变。记录每次滴入硝酸银标准滴定溶液的体积和电位值。

（7）滴定终点的确定　根据滴定记录，以硝酸银标准滴定溶液的体积（V'）和电位值（E），按表 2－26 示例，以列表方式计算 ΔE、ΔV、一级微商和二级微商，或电位滴定仪自动滴定、记录硝酸银标准滴定溶液的体积和电位值。

表 2－26　硝酸银标准滴定溶液滴定氯化钠标准溶液的体积计算表

V'	E	ΔE[a]	ΔV[b]	一级微商[c]（$\Delta E/\Delta V$）	二级微商[d]
0.00	400	—	—	—	—
4.00	470	70	4.00	18	—
4.50	490	20	0.50	40	22
4.60	500	10	0.10	100	60
4.70	515	15	0.10	150	50
4.80	535	20	0.10	200	50

续表

V'	E	ΔE^{a}	ΔV^{b}	一级微商[c]（$\Delta E/\Delta V$）	二级微商[d]
4.90	620	85	0.10	850	650
5.00	670	50	0.10	500	-350
5.10	690	20	0.10	200	-300
5.20	700	10	0.10	100	-100

注：a 相对应的电位变化的数值。

b 连续滴入硝酸银标准滴定溶液的体积增加值。

c 单位体积硝酸银标准滴定溶液引起的电位变化值，即 ΔE 与 ΔV 的比值。

d 相当于相邻的一级微商的数值之差。

示例：从表中找出一级微商最大值为 850，则二级微商等于零时应在 650 与 -350 之间，所以 $a=650$，$b=-350$，$V_a=4.8\text{mL}$，$\Delta V=0.10\text{mL}$。

$$V_1 = V_a + \left(\frac{a}{a-b}\times \Delta V\right) = 4.8 + \left[\frac{650}{650-(-350)}\times 0.1\right] = 4.8 + 0.065 = 4.87(\text{mL})$$

即滴定到终点时，硝酸银标准滴定溶液的用量为 4.87mL。

当一级微商最大、二级微商等于零时，即为滴定终点，按式（2-50）计算滴定到终点时硝酸银标准滴定溶液的体积（V_1）：

$$V_1 = V_a + \frac{a}{a-b} + \Delta V \qquad (2-50)$$

式中　V_1——滴定到终点时消耗硝酸银标准滴定溶液的体积，mL；

V_a——在 a 时消耗硝酸银标准滴定溶液的体积，mL；

a——二级微商为零前的二级微商值；

b——二级微商为零后的二级微商值；

ΔV——a 与 b 之间的体积差，mL。

硝酸银标准滴定溶液的浓度按式（2-51）计算：

$$c = \frac{10\times c_1}{V_1} \qquad (2-51)$$

式中　c——硝酸银标准滴定溶液浓度，mol/L；

c_1——氯化钠基准溶液浓度，mol/L；

V_1——滴定终点时消耗硝酸银标准滴定溶液的体积，mL；

10——换算系数。

（四）操作步骤

1. 试样制备

（1）粉末状、糊状或液体样品　取有代表性的样品至少 200g，充分混匀，置于密闭的玻璃容器内。

（2）块状或颗粒状等固体样品　取有代表性的样品至少 200g，用粉碎机粉碎或用研钵研细，置于密闭的玻璃容器内。

（3）半固体或半液体样品　取有代表性的样品至少 200g，用组织捣碎机捣碎，置于密闭的玻璃容器内。

2. 试样溶液制备

（1）婴幼儿食品、乳品　称取混合均匀的试样10g（精确至1mg）于100mL具塞比色管中，加入50mL约70℃的热水，振荡分散样品，水浴中沸腾15min，并不时摇动，取出，超声处理20min，冷却至室温，依次加入2mL沉淀剂Ⅰ和2mL沉淀剂Ⅱ，每次加后摇匀。用水稀释至刻度，摇匀，在室温静置30min。用滤纸过滤，弃去最初滤液，取部分滤液测定。必要时也可用离心机于5000r/min离心10min，取部分滤液测定。

（2）蛋白质、淀粉含量较高的蔬菜制品、淀粉制品　称取约5g试样（精确至1mg）于100mL具塞比色管中，加适量水分散，振摇5min（或用涡旋振荡器振荡5min），超声处理20min，依次加入2mL沉淀剂Ⅰ和2mL沉淀剂Ⅱ，每次加后摇匀。用水稀释至刻度，摇匀，在室温静置30min。用滤纸过滤，弃去最初滤液，取部分滤液测定。

（3）一般蔬菜制品、腌制品　称取约10g试样（精确至1mg）于100mL具塞比色管中，加入50mL 70℃热水，振摇5min（或用涡旋振荡器振荡5min），超声处理20min，冷却至室温，用水稀释至刻度，摇匀，用滤纸过滤，弃去最初滤液，取部分滤液测定。

（4）调味品　称取约5g试样（精确至1mg）于100mL具塞比色管中，加入50mL水，必要时，70℃热水浴中加热溶解10min，振摇分散，超声处理20min，冷却至室温，用水稀释至刻度，摇匀，用滤纸过滤，弃去最初滤液，取部分滤液测定。

（5）肉禽及水产制品　称取约10g试样（精确至1mg）于100mL具塞比色管中，加入50mL 70℃热水，振荡分散样品，水浴中煮沸15min，并不断摇动，取出，超声处理20min，冷却至室温，依次加入2mL沉淀剂Ⅰ和2mL沉淀剂Ⅱ。每次加入沉淀剂充分摇匀，用水稀释至刻度，摇匀，在室温静置30min。用滤纸过滤，弃去最初滤液，取部分滤液测定。

（6）鲜（冻）肉类、灌肠类、酱卤肉类、肴肉类、烧烤肉和火腿类

①炭化浸出法：称取5g试样（精确至1mg）于瓷坩埚中，小火炭化完全，炭化成分用玻璃棒轻轻研碎，然后加25～30mL水，小火煮沸，冷却，过滤于100mL容量瓶中，并用热水少量多次洗涤残渣及滤器，洗液并入容量瓶中，冷至室温，加水至刻度，取部分滤液测定。

②灰化浸出法：称取5g试样（精确至1mg）于瓷坩埚中，先小火炭化，再移入高温炉中，于500～550℃灰化，冷却，取出，残渣用50mL热水分数次浸渍溶解，每次浸渍后过滤于100mL容量瓶中，冷至室温，加水至刻度，取部分滤液测定。

3. 测定

移取10.0mL待测试液（V_2）于50mL烧杯中，加入5mL硝酸溶液和25mL丙酮。将玻璃电极和银电极浸入溶液中，启动电磁搅拌器。从酸式滴定管滴入V'硝酸银标准滴定溶液（所需量的90%），测量溶液的电位值（E）。继续滴入硝酸银标准滴定溶液，每滴入1mL立即测量溶液电位值（E）。接近终点和终点后，每滴入0.1mL，测量溶液的电位值（E）。继续滴入硝酸银标准滴定溶液，直至溶液电位数值不再明显改变。记录每次滴入硝酸银标准滴定溶液的体积和电位值。以硝酸银标准滴定溶液的体积（V'）和电位值（E），用列表方式计算ΔE、ΔV、一级微商和二级微商。按式（2－51）计算滴定终点时消耗硝酸银标准滴定溶液的体积（V_3）。或电位滴定仪自动滴定、记录硝酸银标准滴定溶液的体积和电位值。同时做空白试验，记录消耗硝酸银标准滴定溶液的体积（V_0'）。

（五）计算结果

食品中氯化物的含量按式（2－52）计算。

$$X_1=\frac{0.0355\times c\times(V_3-V_0')\times V}{m\times V_2}\times100 \tag{2-52}$$

式中 X_1——试样中氯化物的含量（以 Cl^- 计），%；

0.0355——与 1.00mL 硝酸银标准滴定溶液［c（$AgNO_3$）=1.000mol/L］相当的氯的质量，g；

c——硝酸银标准滴定溶液浓度，mol/L；

V_0'——空白试验时消耗的硝酸银标准滴定溶液体积，mL；

V_2——用于滴定的滤液体积，mL；

V_3——滴定试液时消耗的硝酸银标准滴定溶液体积，mL；

V——样品定容体积，mL；

m——试样质量，g；

100——换算系数。

当氯化物含量≥1g/100g 时，结果保留三位有效数字；当氯化物含量＜1g/100g 时，结果保留两位有效数字。

（六）注意事项

1. 在重复性条件下获得的两次独立测试结果的绝对差值不得超过算术平均值的5%。
2. 以称样量 10g，定容至 100mL 计算，方法定量限（LOQ）为 0.008%（以 Cl^- 计）。

思考题

1. 简述电位滴定仪的工作原理及主要构成部件。
2. 如何确定滴定终点？

CHAPTER 3

第三章 综合实验

实验一　腐乳一般品质的评价

腐乳又称豆腐乳，是中国流传数千年的特色传统发酵食品，深受百姓喜爱。腐乳制作主要以大豆为原料，经加工磨浆、制坯、培菌、发酵而制成，市面上的腐乳分为红腐乳、白腐乳、清腐乳、酱腐乳等。

（一）实验目的

1. 了解腐乳一般品质评价的内容和产品标准。
2. 掌握腐乳一般品质评价的方法。

（二）相关标准及检测项目

1. 相关标准

SB/T 10170—2007《腐乳》。

2. 检测指标

腐乳一般品质检测指标见表 3 – 1。

表 3 – 1　腐乳一般品质检测指标

项目	检测方法
水分	按 SB/T 10170—2007《腐乳》规定方法测定
氨基酸态氮	
总酸（以乳酸计）	
水溶性蛋白质	
食盐（以氯化钠计）	

（三）腐乳标准

腐乳理化指标见表 3 – 2。

表3－2 腐乳理化指标

项目		要求			
		红腐乳	白腐乳	青腐乳	酱腐乳
水分/%	≤	72.00	74.00	75.00	67.00
氨基酸态氮/（g/100g）	≥	0.42	0.35	0.60	0.50
总酸（以乳酸计）/（g/100g）	≤	1.20	1.30	1.20	2.00
水溶性蛋白质/（g/100g）	≥	3.50	3.50	4.50	5.00
食盐（以氯化钠计）/（g/100g）	≥	6.50			

思考题

1. 试分析影响腐乳一般品质的因素。
2. 什么是水溶性蛋白质？

实验二 食用猪油安全品质分析及评价

猪油又称荤油或猪大油，从猪肉中提炼而得，初始状态是略带黄色、半透明液体的食用油，常温下为白色或浅黄色固体。GB10146—2015《食用动物油脂》规定，生产食用猪油的原料应该是生猪的纯脂肪组织，而且必须经过卫生检验合格后，才能作为原料使用。

（一）实验目的

1. 了解食用猪油一般品质评价的内容和产品标准。
2. 掌握食用猪油一般品质评价的方法。

（二）相关标准及检测项目

1. 相关标准

（1）GB 10146—2015《食用动物油脂》。

（2）GB/T8937—2006《食用猪油》。

（3）GB 2762—2017《食品中污染物限量》。

（4）《原农业部235号公告 动物性食品中兽药最高残留限量》。

（5）《原农业部236号公告 动物性食品中兽药残留检测方法》。

（6）GB 5009.12—2017《食品中铅的测定》。

（7）GB 5009.11—2014《食品中总砷及无机砷的测定》。

（8）GB 5009.13—2017《食品中铜的测定》。

（9）GB 5009.138—2017《食品中镍的测定》。

（10）GB 5009.27—2016《食品中苯并（a）芘的测定》。

（11）GB/T 21317—2007《动物源性食品中四环素类兽药残留量检测方法 液相色谱－质谱质谱法与高效液相色谱法》。

（12）GB 29694—2013《动物性食品中13种磺胺类药物多残留的测定 高效液相色谱法》。

（13）GB/T 21318—2007《动物源性食品中硝基咪唑残留量检验方法》。

（14）《农业部1025号公告－17－2008 动物源性食品中呋喃唑酮残留标示物残留检测 酶联免疫吸附法》。

2. 检测指标

食用猪油污染物检测指标见表3－3。

表3－3　食用猪油污染物检测指标

项目	检测方法
铅	按GB 5009.12—2017《食品中铅的测定》规定方法测定
砷	按GB 5009.11—2014《食品中总砷及无机砷的测定》规定方法测定
铜	按GB 5009.13—2017《食品中铜的测定》规定方法测定
镍	按GB 5009.138—2017《食品中镍的测定》规定方法测定
苯并［a］芘	按GB 5009.27—2016《食品中苯并（a）芘的测定》规定方法测定

食用猪油兽药残留检测指标见表3－4。

表3－4　食用猪油兽药残留检测指标

项目	检测方法
四环素	按GB/T 21317—2007《动物源食品中四环素类兽药残留量检测方法　液相色谱－质谱/质谱法与高效液相色谱法》规定方法测定
磺胺类	按GB 29694—2013《食品安全国家标准　动物性食品中13种磺胺类药物多残留的测定　高效液相色谱法》规定方法测定
甲硝唑	按GB/T 21318—2007《动物源性食品中硝基咪唑残留量检验方法》规定方法测定
呋喃唑酮	按《农业部1025号公告－17－2008 动物源性食品中呋喃唑酮残留标示物残留检测 酶联免疫吸附法》规定方法测定

（三）食用猪油安全品质评价标准

食用猪油安全品质评价标准见表3－5。

表3－5　食用猪油安全品质评价标准

项目		要求	项目		要求
铅	≤	0.1mg/kg	四环素	≤	100μg/kg
砷	≤	0.1mg/kg	磺胺类	≤	100μg/kg
铜	≤	0.4mg/kg	甲硝唑		不得检出
镍	≤	1.0mg/kg	呋喃唑酮		不得检出
苯并（a）芘	≤	10μg/kg			

思考题

1. 试分析影响食用猪油安全品质的因素。
2. 食用猪油和工业猪油的主要区别是什么？各有什么用途？

实验三 果蔬饮料的品质评价

（一）实验目的

1. 掌握果蔬汁饮料的主要品质指标及检测方法。
2. 熟悉国家标准的查询方法。
3. 了解果蔬汁饮料的国家标准及质量要求。

（二）相关标准及检测项目

1. 相关标准

（1）GB 10789—2015《饮料通则》。

（2）GB/T 31121—2014《果蔬汁类及其饮料》。

（3）NYT 434—2016《绿色食品果蔬汁饮料》。

（4）GB/T 12143—2008《饮料通用分析方法》。

（5）GB 5009. 7—2016《食品中还原糖的测定》。

（6）GB/T 12456—2008《食品中总酸的测定》。

（7）NY/T 2016—2011《水果及其制品中果胶含量的测定 分光光度法》。

（8）GB 5009. 34—2016《食品中二氧化硫的测定》。

（9）GB/T 4789. 21—2003《食品卫生微生物学检验 冷冻饮品、饮料检验》。

2. 检测项目

（1）感官指标。

（2）理化指标。

（3）微生物指标。

（三）感官指标

取50mL均匀的被测样品于洁净的样品杯（约100mL小烧杯）中，置于明亮处，用肉眼观察其色泽和可见杂质，嗅其气味，品其滋味。果蔬汁的感官检测指标如表3-6所示。

表3-6 果蔬汁感官指标

项目	指标
色泽	是否具有试样应有的色泽
滋味和气味	是否具有试样应有的滋味和香气，是否酸甜适口，是否无异味
组织状态	清澈或浑浊，是否有沉淀、分层、结块现象
杂质	是否有肉眼可见的外来杂质

（四） 理化指标

果蔬汁饮料的理化检测指标主要包括以下内容，见表3－7。

表3－7 果蔬汁理化指标

项目	检测方法
可溶性固形物	按GB/T 12143—2008《饮料通用分析方法》规定方法测定
还原糖	按GB 5009.7—2016《食品安全国家标准　食品中还原糖的测定》规定方法测定
总酸	按GB/T 12456—2008《食品中总酸的测定》规定方法测定
L－抗坏血酸	按GB/T 12143—2008《饮料通用分析方法》规定方法测定
果胶	按NY/T 2016—2011《水果及其制品中果胶含量的测定　分光光度法》规定方法测定
二氧化硫	按GB 5009.34—2016《食品安全国家标准　食品中二氧化硫的测定》规定方法测定
氨基态氮	按GB/T 12143—2008《饮料通用分析方法》规定方法测定
总黄酮（橙、柑、橘汁及其混合果汁）	按GB/T 12143—2008《饮料通用分析方法》规定方法测定

（五） 微生物指标

果蔬汁饮料的微生物检测指标主要包括以下内容，见表3－8。

表3－8 果蔬汁微生物指标

项目	检测方法	标准指标
菌落总数/（cfu/mL）	按GB/T 4789.21《食品卫生微生物学检验　冷冻饮品、饮料检验》规定方法检测	≤100
大肠菌群数量/（MPN/100mL）		≤3
真菌数量/（cfu/mL）		≤20
酵母数量/（cfu/mL）		≤20
致病菌（沙门菌，志贺菌，金黄色葡萄球菌）		不得检出

（六） 注意事项

1. 如果饮料颜色较深、质地较稠，应加入等量蒸馏水稀释后再测定。

2. 测定中滴定速度、加热时间、热源强度、锥形瓶规格等对测定结果影响较大，故测定条件应力求一致。

思考题

1. 测定试样的糖度和酸度分别采用什么方法？原理是什么？
2. 总酸度与有效酸度有何区别？
3. 请结合理化指标和感官指标评价试样。

实验四　盐渍海蜇的品质分析

（盐渍海蜇蜇皮和盐渍海蜇蜇头）

（一）实验目的

1. 掌握盐渍海蜇的品质分析。

2. 了解盐渍海蜇的制作。

（二）原辅料及原辅料要求

1. 原辅料要求

（1）鲜海蜇　不得有腐败变质或被污染的现象。

（2）食用盐　应符合 GB 5461—2016《食用盐》中的规定。

（3）硫酸铝钾（钾明矾）　应符合 GB 1895—2004《食品添加剂　硫酸铝钾》中的规定。

（4）生产用水　应符合 GB 5749—2006《生活饮用水卫生标准》中的规定。

2. 感官要求

（1）盐渍海蜇皮的感官要求　见表 3 - 9。

表 3 - 9　盐渍海蜇皮的感官要求

项目	一级品	二级品	三级品
外观	基本完整，片张平整，允许有 3cm 以内破洞 2 处或裂缝 3 处，但裂缝长度不得超过长径的 1/3	片张基本完整，允许有破洞和裂缝	海蜇皮或边料
肉质	厚实均匀、有韧性		
颜色	白色、浅黄色、黄褐色等自然色泽，有光泽		
气味	无异味		
杂质	无红衣、无泥砂、无头血	允许带少量红衣、允许存在少量头血、无泥沙	

注：头血为海蜇颈部、口腕部（即海蜇头）的分泌物。

（2）盐渍海蜇头的感官要求　见表 3 - 10。

表 3 - 10　盐渍海蜇头的感官要求

项目	一级品	二级品	三级品
外观	只形完整、无蜇须	只形基本完整、允许有残缺、无蜇须	单瓣或两瓣以上相连接
肉质	厚实，有韧性		
颜色	白色、黄褐色或红琥珀色（自然色泽）		
气味	无异味		
杂质	无泥沙		

3. 理化指标

理化指标应符合表 3 - 11 的规定。

表 3－11　　盐渍海蜇的理化指标

项目	一级品	二级品	三级品
水分/%	≤68	68～78	
盐分（以 NaCl 计）/%		18～25	
明矾（湿重）/%		≤1. 8	

4. 净含量

净含量应符合 JJF 1070—2005《定量包装商品净含量计量检验规则》的规定。

5. 安全指标

安全指标应符合 GB 2762—2012《食品污染物限量标准》的规定。

6. 试验方法

（1）感官检验　在光线充足、无异味、清洁卫生的环境中，将试样置于白色搪瓷盘或不锈钢工作台上，按表 3－9、表 3－10 的要求逐项检验，采用品尝方式确定口感。

（2）水分　将样品表面水分吸去，剪成细颗粒状，按 GB 5009. 3—2017《食品水分的测定》方法测定。

（3）盐分　按 SC/T 3011—2001《水产品中盐分的测定方法》测定。

（4）明矾　按 GB1886. 229—2016《食品添加剂硫酸铝钾（又名钾明矾）》方法测定。

思考题

1. 盐渍海蜇如何贮存?
2. 分析浸泡对市售盐渍海蜇皮及海蜇头的影响?

实验五　转基因食品的检测

（大豆及其产品的定性 PCR 检测方法）

（一）实验目的

1. 掌握 PCR 检测转基因食品的具体操作技术及引物设计方法。
2. 熟悉 PCR 检测技术的原理。
3. 了解国内外对转基因食品的态度及检验方法。

（二）实验原理

针对转基因抗草甘膦大豆（GTS 40－3－2）含有的 CaMV35S 启动子，nos 终止子、矮牵牛花的 CTP4、Cp4－epsps 基因以及大豆内标准基因 lectin，设计特异性引物进行 PCR 扩增，以检测试样中是否含有转基因抗草甘膦大豆的成分。转基因抗草甘膦大豆和转基因高油酸大豆含有共同的元件 CaMV35S 启动子基因以及内标准基因 lectin，用上述的引物进行 PCR 扩增以检测试样中是否含有转基因抗草甘膦大豆和转基因高油酸大豆的成分。

（三）器材与试剂

1. 实验仪器

（1）通常实验室仪器设备。

（2）PCR 扩增仪。

（3）电泳仪。

（4）紫外透射仪。

（5）凝胶成像系统或照相系统。

（6）重蒸馏水仪。

2. 实验试剂及配制

除非另有说明，在分析中仅使用分析纯试剂；配制好的溶液经高温灭菌后使用。

（1）各 10mmol/L 的四种脱氧核糖核苷酸（dATP，dCTP，dGTP，dTTP）混合溶液。

（2）10mol/L 氢氧化钠溶液　称取氢氧化钠 80g，先用 160mL 水溶解后，再加水定容到 200mL。

（3）500mmol/L 乙二胺四乙酸二钠盐（EDTA）溶液　称取乙二胺四乙酸二钠 18.6g，加入 70mL 水中，再加入 10mol/L 氢氧化钠溶液，加热溶解后，冷却至室温，再用 10mol/L 氢氧化钠溶液调 pH 至 8.0，用水定容到 100mL，在 103.4kPa 灭菌 20min。

（4）50 × TAE 缓冲液　称取 Tris242.2g，先用 300mL 水加热搅拌溶解后，加 100mL 500mmol/L EDTA 的水溶液（pH8.0），用冰乙酸调 pH 至 8.0，然后用水定容到 1000mL。

（5）Taq DNA 聚合酶（5 单位/μL）及 10 × PCR 反应缓冲液（含 25mmol/L Mg^{2+}）。

（6）10mg/mL 溴化乙锭溶液。

注：溴化乙锭（EB）有致癌作用，使用时要戴一次性手套。

（7）DNA 分子量标记（DNA Molecular Weight Marker）。

（8）1mol/L Tris – HCl（pH8.0）溶液　称取 121.1g Tris 碱溶解 800mL 水中，用浓盐酸调 pH 至 8.0，用水定容至 1000mL，在 103.4 kPa 灭菌 20min。

（9）TE 缓冲液（pH8.0）　1mol/L Tris – HCl（pH8.0）10mL 和 500mmol/L EDTA（pH8.0）溶液 2mL，用水定容至 1000mL。

（10）加样缓冲液　称取溴酚蓝 250mg，加水 10mL，在室温下过夜溶解，再称取二甲苯腈蓝 250mg，用 10mL 水溶解，称取蔗糖 50g，用 30mL 水溶解，合并三种溶液，用水定容至 100mL，在 4℃中保存。

（11）引物

①lectin 基因

Lee – F1：5′GCCCTCTACTCCACCCCCA TCC3′

Lee – R1：5′GCCCATCTGCAAGCCTTTTTGTG3′

预期扩增片段为 118bp。

②35S – CTP4 基因

SC – F1：5′TGATGTGATATCTCCACTGACG3′

SC – R1：5′TGTATCCCTTGAGCCATGTTGT3′

预期扩增片段为 172bp。

③CP4 – epsps 基因

CE – F1：5′CCTTCATGTTCGGCGGTCTCG3′

CE – R1：5′GCGTCATGATCGGCTCGATG3′

预期扩增片段为498bp。

④nos 终止子基因

Pnos - F1：5′GAA TCCTGTTGCCGGTCTTG3′

Pnos - R1：5′TTA TCCTAGTTTGCGCGCTA3′

预期扩增片段为180bp。

⑤CaMV35S 启动子基因

35S - F：5′GCTCCTACAAATGCCATCATTGC3′

35S - R：5′GATAGTGGGATTGTGCGTCATCCC3′

预期扩增片段为195bp。

（12）引物溶液　用 TE 缓冲液（pH8.0）分别将上述引物稀释至25μmol/L。

（13）PCR 产物回收试剂盒　按使用说明操作。

（14）限制性内切酶 Xmn Ⅰ及反应缓冲液。

（15）石蜡油。

（四）操作步骤

1. DNA 模板的制备

按 NY/T 674 的规定制备试样、GMO 阳性对照和 GMO 阴性对照的 DNA 模板。

2. PCR 反应

（1）试样的 PCR 反应　在200μL 或500μL 的 PCR 反应管中依次加入 10 × PCR 缓冲液 5μL、1μL 各 10mmol/L 的四种脱氧核糖核苷酸（dATP，dCTP，GTP，dTTP）混合溶液、引物溶液（含上下游引物）各1μL、试样 DNA 模板使用量 25 ~ 50ng、TaqDNA 聚合酶 1μL，根据 DNA 模板用量加入无菌蒸馏水，使 PCR 反应体系达到50μL。再加入约50μL 石蜡油（有热盖设备的 PCR 仪可以不加石蜡油），每个试样重复3次。

以4000r/min 离心10s后，将 PCR 管插入 PCR 仪中。95℃恒温5min；进行35 次扩增反应循环（95℃恒温30s，58℃恒温30s，72℃恒温30s）；然后72℃恒温7min，取出 PCR 反应管，对反应产物进行电泳检测或4℃下保存。

（2）对照的 PCR 反应　在试样 PCR 反应的同时，应设置 GMO 阴性对照、GMO 阳性对照和空白对照。

GMO 阴性对照是指用从非转基因大豆材料中提取的 DNA 作为 PCR 反应体系的 DNA 模板；GMO 阳性对照是指用从转基因大豆材料提取的 DNA 作为 PCR 反应体系的 DNA 模板，空白对照是指用无菌蒸馏水作为 PCR 反应体系的 DNA 模板。上述对照 PCR 反应体系中，除模板外其余组分与（1）相同。

3. PCR 产物的电泳检测

将适量的琼脂糖加入 TAE 缓冲液中，加热将其溶解，配制成琼脂糖浓度为20g/L 的溶液，然后按每100mL 琼脂糖溶液加入5μL 溴化乙锭溶液的比例，加入溴化乙锭溶液，混匀，稍微冷却后，将其倒入电泳板上，室温下凝固成凝胶后，放入 TAE 缓冲液中。在每个泳道中加入7.5μL 的 PCR 产物（需和上样缓冲液混合），其中一个泳道中加入 DNA 分子质量标记，接通电源进行电泳。

4. 凝胶成像分析（照相）

电泳结束后，将琼脂糖凝胶置于凝胶成像仪上或紫外透射仪上成像。根据 DNA 分子标记判断扩增出的目的条带的大小，将电泳结果形成电子文件存档或用照相系统拍照。

5. PCR 产物的回收

将 100μL PCR 反应液与上样缓冲液混合后，加入预制好的含 2% 琼脂糖凝胶的泳道中，在其中的一个泳道中加入 DNA 分子质量标记，接通电源进行电泳。其余步骤按 PCR 产物回收试剂盒说明进行。

6. PCR 产物的酶切鉴定

CaMV35S 启动子基因的扩增产物为 195bp，可以被限制性内切酶 Xmn I 切成大小为 80bp 和 115bp 的两个片段。具体操作为：取 15μL 回收的 PCR 产物放入酶切管中，加入 1μL 的限制性内切酶 Xmn I，再加入 2μL 反应酶切反应液缓冲液，加入 2μL 配成 20μL 反应体系，在 37℃的恒温水浴保温反应 3h，将 20μL 反应液与上样缓冲液混合后加入预制好的含 2. 5% 琼脂糖的一个泳道中，按 3 和 4 的步骤操作进行分析。

（五）结果的分析与描述

（1）如果在试样和 GMO 阳性对照的 PCR 反应中，CaMV35S 启动子、nos 终止子、CP4 - epsps、CaMV35S 启动子和叶绿体转移肽基因片段（CaMV35S - CTP4 ）以及内标准 lectin 这五个基因都得到了扩增，且扩增片段与预期片段一致，而在 GMO 阴性对照中仅扩增出 lectin 基因片段，空白对照中没有任何扩增片段，表明该样品为阳性结果，检出了 CaMV35S 启动子基因，nos 终止子基因、CaMV35S 启动子和叶绿体转移肽基因片段（CaMV35S - CTP4）、抗草甘膦基因。

（2）如果在试样和 GMO 阳性对照的 PCR 反应中，CaMV35S 启动子和内标准 lectin 这两个基因都得到了扩增，且扩增片段与预期片段一致，而在 GMO 阴性对照中仅扩增出 lectin 基因片段，空白对照中没有任何扩增片段，在对试样的 CaMV35S 启动子扩增片段的酶切鉴定中，扩增片段可以被切成 80bp 和 115bp 两个片段，表明该样品为阳性结果，检出 CaMV35S 启动子基因。

（3）如果在试样 GMO 阳性对照的 PCR 反应中，仅有 lectin 基因片段得到扩增，GMO 阳性对照中 CaMV35S 启动子、nos 终止子、CP4 - epsps、CaMV35S - CTP4 以及 lectin 基因都得到扩增，空白对照中没有任何扩增片段，表明该样品为阴性结果，未检出 CaMV35S 启动子、nos 终止子、CaMV35S　- CTP4、抗草甘膦基因。

如果在试样和 GMO 阴性对照的 PCR 反应中，仅有 lectin 基因片段得到扩增，GMO 阳性对照中 CaMV35S 启动子和 lectin 基因都得到扩增，空白对照中没有任何扩增片段，表明该样品为阴性结果，未检出 CaMU35 S 启动子基因。

（4）如果在试样、GMO 阳性对照和 GMO 阴性对照 PCR 反应中，lectin 基因片段均未得到扩增，说明在 DNA 模板制备或 PCR 反应体系中的某个环节存在问题，需查找原因重新检测。如果在 GMO 阴性对照 PCR 反应中，除 lectin 基因得到扩增外，还有其他外源基因得到扩增；或者空白对照中扩增出了产物片段，则说明检测过程中发生了污染，需查找原因重新检测。

思考题

1. 简述转基因食品对食品的安全性及对环保等方面的负面影响。

2. 转基因食品的国内外发展现状，以及各国对转基因食品的不同管理模式都有何具体内容？

CHAPTER 4

第四章 设计性实验

一、 设计性实验的意义及要求

随着我国高等教育体制改革的不断深入和素质教育意识的增强，提高教学质量，培养具有综合能力、创新能力的人才成为食品科学与工程专业实践教学环节努力的方向。食品分析在维护人体健康、保护消费者利益方面起着非常重要的作用。食品分析实验课程的教学，是对理论知识的进一步巩固，对培养学生分析问题、解决问题能力，提高学生实践技能、独立操作能力，养成严谨的科学态度和敢于创新的开拓精神等方面起着十分重要的作用。

通过对专业基础课及专业课的理论学习与实验操作训练，学生对食品分析检测的知识有了较为系统的了解，也对食品分析中某些问题产生了浓厚的兴趣。前面各章节实验内容的训练主要是在教师指导及前期准备情况下，菜单式操作，其目的是通过实验加深对现有理论知识的理解和对实验技能的掌握。在基础实验训练阶段，每个实验基本上是分单元的单个实验，实验目的、步骤、实验结果基本上由老师预先设定，是老师“带着走”。设计性实验则完全不同，它是一次创新实践，是在前期学习的基础上，根据给定实验目的、条件、要求，自行设计实验方案，组织实验系统，独立操作并得出实验结果的探索性实验。在设计过程中可以激发学生的积极主动性，培养创新意识，提高综合解决问题的能力。

设计性实验具有实验目的明确，实验条件确定，实验方法多样的特点。教学要以学生为中心，教师的主要作用是引导和辅助，如：介绍实验现有设备、帮助学生分析拟定实验的可行性、组织学生做小组汇报和评定实验成绩。设计性实验内容不受以前单项实验操作的限制，鼓励学生创新，支持学生将基础学科的知识应用于食品分析检测，要求学生团结协作，引导学生开展小组分工协作。

二、 设计性实验的实施步骤

1. 选题

设计性实验的选题正确与否是保证在有限时间和有限条件下能否顺利完成实验的关键，它没有固定的模式，需要有一定的知识储备和敏锐的洞察力，在本科阶段进行这方面的初步训练，可为今后在工作岗位上创新性开展工作提供前期准备。在实验任务布置之后，学生要检索、查阅大量文献资料与工具书，教师讲解实验项目中的一些经验，推荐实验指导用书和参考文献，指导学生综合应用所学的知识，确定实验方向。

下面介绍选题的基本原则供学生参考。

（1）科学性原则 科学性原则是指任何选题都要以科学思想为指导，以事实为依据。实验目的要明确，实验原理要正确，实验材料和实验手段的选择要恰当，整个设计思路和实验方法的确定都不能偏离食品分析基本知识和基本原理以及其他学科领域的基本原则。选题必须有依据，要符合客观规律，科研设计必须科学，符合逻辑性。

（2）创新性原则 创新是人类发展的灵魂，没有创新就没有发展。创新包括创新能力和创新意识。在设计性实验中重点培养学生的创新意识。首先要给学生充分选择的空间，避免给学生划过多的条条框框；其次要鼓励独立性和创新精神，科学研究要在查阅文献材料的基础上开展，绝不是一味重复他人的研究成果；最后要鼓励学生勇于尝试，不怕失败。

（3）应用性原则 广义上讲，凡是科学性的课题都有应用性。作为食品科学与工程等应用学科专业的学生来说，在选题时考虑应用性十分有必要。这也是培养学生理论联系实际，分析问题和解决问题能力的一次极好机会。

（4）可行性原则 可行性是从主客观两个方面的条件来判断课题能否完成的可能性。客观条件指研究所需要的实验设备、药品和资料；主观条件是指从事研究者的知识背景、研究精力和可能的时间。在选题过程中，一定要分析清楚主客观条件和所处的环境。避免出现研究内容铺开太宽、内容过于庞杂等问题，可根据自己的兴趣和爱好，取某一点开展或与同学共同开展探索性研究。

2. 实验方案的确定

实验前必须制定周密易行的实验方案，认真考虑其方案的合理性和可行性。合理性是实验设计能围绕实验目的，可行性不仅是指实验内容理论上是否可行，而且也包括现有设备条件的可操作性。

实验方案一般包括：实验器材、实验内容、实验步骤。

学生的初步实验方案确定后，教师要组织学生开展实验方案的汇报讨论，可采用汇报－讨论－质疑－修改－再讨论的方式，集思广益，确定最终的实验方案。教师则要促进学生思考，适时提出关键性问题。

3. 实验方案的实施

一旦实验方案被确定，就可按照实验方案开展实验。实验方案的实施是整个实验工作的重点，所有的结果都是从中获得，从而达到解决问题的目的。实验必须要以严谨的科学态度进行。实验实施一般遵循以下步骤：实验准备－预实验－正式实验。

这一阶段学生独立思考、分析、解决实验中发现的问题，教师在实验要求的范围内鼓励学生开拓新思路、采用新方法。实验过程中可适当组织阶段性的讨论，教师定期对实验的进度和发现的问题进行讲解，并对学生阶段性实验目的的完成给予认可，充分调动学生的积极主动性，培养学生积极探索、创新实践的科研精神。

4. 实验总结阶段

实验结束后，学生应及时对实验的现象与结果进行分析，对实验中发现的问题、解决的方案、仍未解决的疑惑独立进行总结归纳，完善实验报告，以科研论文的形式提交实验报告。这一阶段是设计性实验必不可少的一部分，通过实验总结，学生整理思路，形成科学的思维方式，学习科学研究的基本方法。

实验一 不同贮藏加工方式对食品中维生素 C 含量的影响

维生素 C（Vitamin C，又称 L－抗坏血酸）是人体的必需营养素，也是一种很容易在烹调过程中损失的营养素。维生素C是无色、无嗅的片状晶体，易溶于水，不溶于有机溶剂。维生素C在酸性环境中稳定，遇空气中氧、热、光、碱性物质，迅速氧化为脱氢抗坏血酸，特别是有氧化酶及痕量铜、铁等金属离子存在时，会加速其氧化，形成稳定的金属盐。因此，在蔬菜贮藏和加工过程中，维生素C均有不同程度流失。

为了最大程度保护食品中的维生素C，同时探究不同贮藏加工方式对维生素C含量的影响，学生设计实验方案，研究不同的贮藏加工方式对食品中维生素C含量的影响。

实验二 泡菜中亚硝酸盐含量的影响因素及控制

硝酸盐和亚硝酸盐是广泛存在于自然环境中的化学物质，蔬菜是一种富集硝酸盐的农作物。蔬菜在腌制和贮藏过程中，亚硝酸盐含量会发生变化，形成亚硝酸盐峰值，影响食品安全性。在传统的泡制过程中，亚硝酸盐含量高是阻碍泡菜产业发展的主要因素之一。开展本设计性实验旨在有效降低亚硝酸盐的含量，探究泡菜腌制过程中亚硝酸盐含量变化的影响因素和动态变化规律，以及有效的控制方法。

实验三 腐乳发酵过程中风味物质变化

腐乳作为我国传统的大豆发酵制品，具有较高的营养价值。腐乳在发酵贮藏过程中，所含有的微生物分泌出各种酶，促使豆腐坯中的蛋白质分解成营养价值高的氨基酸和一些风味物质。有些氨基酸本身就有一定的鲜味，同时在发酵过程中豆腐坯中的淀粉转化成酒精和有机酸，在辅料中酒及香料的共同参与下，生成带有香味的酯类及其他一些风味成分，从而构成了腐乳特有的风味。

风味是腐乳成熟的重要标志，在腐乳成熟的过程中也会发生不同的变化。根据发酵菌种的不同，可以分为毛霉发酵型、根霉发酵型、复合菌种发酵型等。请选择一种发酵型腐乳，结合不同前处理方式及GC－MS分析方法，对腐乳发酵过程中的风味物质进行分析。

参考文献

［1］黄泽元．食品分析实验［M］．郑州：郑州大学出版社，2013.

［2］丁晓雯．食品分析实验［M］．北京：中国林业出版社，2012.

［3］赵晓娟，黄桂颖．食品分析实验指导［M］．北京：中国轻工业出版社，2016.

［4］彭珊珊，许柏球，冯翠萍．食品掺伪鉴别检验（第二版）［M］．北京：中国轻工业出版社，2013.

［5］GB/T 601—2016 化学试剂 标准滴定溶液的制备［S］. 2016.

［6］GB 5009. 4—2016 食品中灰分的测定［S］. 2016.

［7］GB 5009. 3—2016 食品中水分的测定［S］. 2016.

［8］GB 5009. 238—2016 食品中水分活度的测定［S］. 2016.

［9］GB 5009. 7—2016 食品中还原糖的测定［S］. 2016.

［10］NY/T 2637—2014 水果和蔬菜可溶性固形物含量的测定 折射仪法［S］. 2014.

［11］JJG 536—2015 旋光仪及旋光糖量计检定规程［S］. 2015.

［12］JJG 1002—2005 旋转黏度计［S］. 2005.

［13］GB/T 531. 2—2009 硫化橡胶或热塑性橡胶 压入硬度试验方法［S］. 2009.

［14］谢笔钧，何慧．食品分析［M］．北京：科学出版社，2009.

［15］谢笔钧．食品化学［M］．北京：科学出版社，2004.

［16］吴时敏，徐婷．食品分析与检验实验教程［M］. 2012.

［17］杨林娥，彭晓光．斐林试剂法测定还原糖方法的改进［J］．中国酿造，2010（5）：160－161.

［18］李和生．食品分析［M］．北京：科学出版社，2014.

［19］GB/T 9695. 31—2008 肉制品 总糖含量测定［S］. 2008.

［20］GB 5009. 5—2016 食品中蛋白质的测定［S］. 2016.

［21］李和生．食品分析及实验［M］．北京：科学出版社，2012.

［22］王秀奇．基础生物化学实验［M］．北京：高等教育出版社，2007.

［23］GB 5009. 90—2016 食品中铁的测定［S］. 2016.

［24］GB 5009. 14—2017 食品中锌的测定［S］. 2017.

［25］GB 5009. 92—2016 食品中钙的测定［S］. 2016.

［26］GB 5009. 267—2016 食品中碘的测定［S］. 2016.

［27］GB 5009. 87—2016 食品中磷的测定［S］. 2016.

［28］GB 5009. 13—2017 食品中铜的测定［S］. 2017.

［29］GB 5009. 91—2017 食品中钾、钠的测定［S］. 2017.

［30］GB 5009. 241—2017 食品中镁的测定［S］. 2017.

［31］GB 5009. 35—2016 食品中合成着色剂的测定［S］. 2016.

［32］GB 5009. 33—2016 食品中硝酸盐和亚硝酸盐含量的测定［S］. 2016.

［33］SCT 3025—2006 水产品中甲醛含量测定［S］. 2006.

［34］GB 5009. 22—2016 食品中黄曲霉毒素 B 族和 G 族的测定［S］. 2016.

［35］GB 5009. 24—2016 食品中黄曲霉毒素 M 族的测定［S］. 2016.

［36］GB/T 5009. 20—2003 食品中有机磷农药残留量的测定［S］. 2003.

［37］GB/T 22388—2008 原料乳与乳制品中三聚氰胺检测方法［S］. 2008.

［38］GB 5009. 12—2017 食品中铅的测定［S］. 2017.

［39］GB 5009. 181—2016 食品中丙二醛的测定［S］. 2016.

［40］GBT 5009. 208—2008 食品中生物胺含量的测定［S］. 2008.

［41］GBT 5009. 17—2014 食品中总汞及有机汞的测定［S］. 2014.

［42］GBT 5009. 15—2003 食品中镉的测定［S］. 2003.

［43］GB 5009. 208—2016 食品中生物胺的测定［S］. 2016.

［44］GB 5009. 227—2016 食品中过氧化值的测定［S］. 2016.

［45］GB 5009. 229—2016 食品中酸价的测定［S］. 2016.

［46］GBT 12456—2008 食品中总酸的测定［S］. 2008.

［47］GB 5009. 44—2016 食品中氯化物的测定［S］. 2016.

［48］SC/T 3210—2015 盐渍海蜇皮和盐渍海蜇头［S］. 2015.

［49］农业部 1861 号公告 - 5 - 2012 转基因植物及其产品成分检测 CP4 - epsps 基因定性 PCR 方法.

［50］NY/T 675—2003 转基因植物及其产品检测大豆定性 PCR 方法［S］. 2003.